# Sternführer für Einsteiger

*Hervé Burillier*

# Sternführer für Einsteiger

*Die 60 wichtigsten Sternbilder verständlich erklärt*

*Kosmos*

Der Autor möchte sich bei den Personen bedanken, die es durch ihre Hilfe, ihre Ratschläge und ihre Unterstützung ermöglicht haben, dieses Projekt zu verwirklichen: Christelle Burillier, André Le Bœuffle, Michel Laurent, Christophe Lehénaff, Joël Minois, Dominique Proust, Élisabeth Sablé und Michel Verdenet. Der Herausgeber bedankt sich bei der Französischen Astronomischen Gesellschaft für ihre Mitarbeit und bei Christophe Lehénaff sowie der ESO (European Southern Observatory) für ihre Photographien.

Titel der Originalausgabe »Découvrir le ciel«

ISBN der Originalausgabe: 2-04-027240-2

Aus dem Französischen übersetzt von Claire Knollmeyer

Umschlaggestaltung von Atelier Reichert, Stuttgart, unter Verwendung einer Sternkarte des Innenteils und zweier Illustrationen von Emma Harding, mit freundlicher Genehmigung von Duncan Baird Publishers Ltd., London.

Die Deutsche Bibliothek – CIP-Einheitsaufnahme

**Burillier, Hervé:**
Sternführer für Einsteiger : die 60 wichtigsten Sternbilder verständlich erklärt / Hervé Burillier. [Aus dem Franz. übers. von Claire Knollmeyer]. – Stuttgart : Kosmos, 1999
Einheitssacht.: Découvrir le ciel <dt.>
ISBN 3-440-07831-0

Für die deutschsprachige Ausgabe:

ISBN: 3-440-07831-0
Lektorat: Justina Engelmann, Haan, Marion Schulz
Illustration der Sternkarte: Gerhard Weiland, Köln
Herstellung: Siegfried Fischer, Stuttgart
Printed in/Imprimé en France
Satz: Typomedia Satztechnik GmbH, Ostfildern
Reproduktionen: Nord-Compo, Villeneuve-d'Ascq
Druck und Bindung: Pollina, Luçon

# Inhaltsverzeichnis



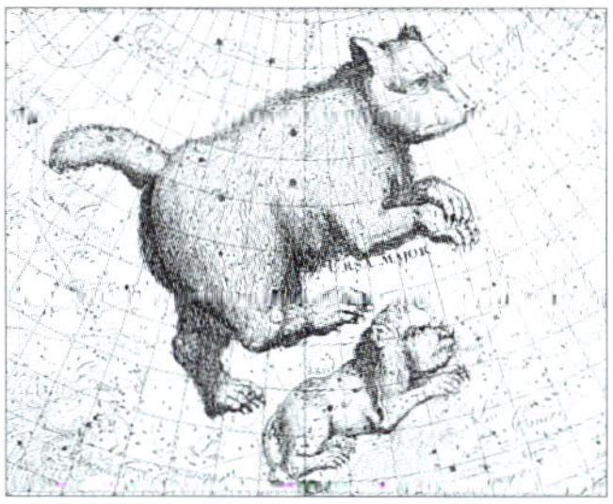

# Der nördliche Sternenhimmel

Diese Karte des von der Nordhalbkugel der Erde aus sichtbaren Himmelsausschnitts dient zu Ihrer Orientierung während der Lektüre. Hierauf können Sie immer wieder zurückgreifen, um sich die Stellung der verschiedenen Sternbilder zueinander zu vergegenwärtigen.

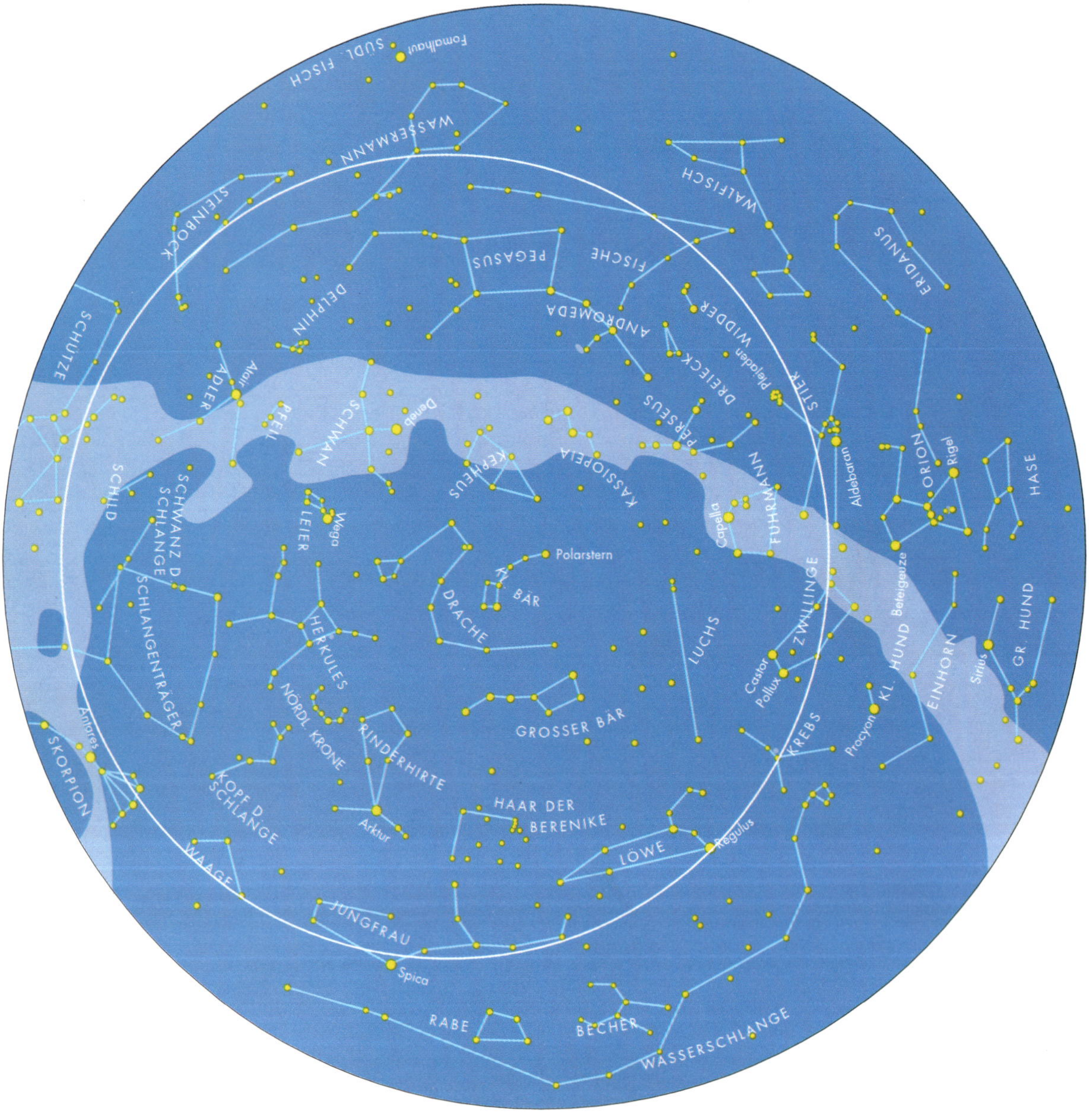

# Benutzung des Handbuchs

Im Hauptteil des Handbuchs (Seiten 24–57) werden 52 Sternbilder vorgestellt, die von der Nordhalbkugel der Erde aus sichtbar sind (also alle bis auf zwei: Füchschen und Füllen), sowie eine Auswahl von neun Sternbildern, die von der Südhalbkugel aus sichtbar sind. Jede Doppelseite widmet sich einer bestimmten Himmelsregion und präsentiert bis zu fünf Sternbilder daraus. Erläuterungen zum Aufbau einer Doppelseite finden Sie unten. Der erste Teil des Handbuchs (Seiten 8–23) führt in das Grundwissen ein, das zum Verständnis des Buches notwendig ist. Der Anhang (Seiten 58–64) enthält eine Reihe von zusammenfassenden Tabellen nebst nützlichen Informationen.

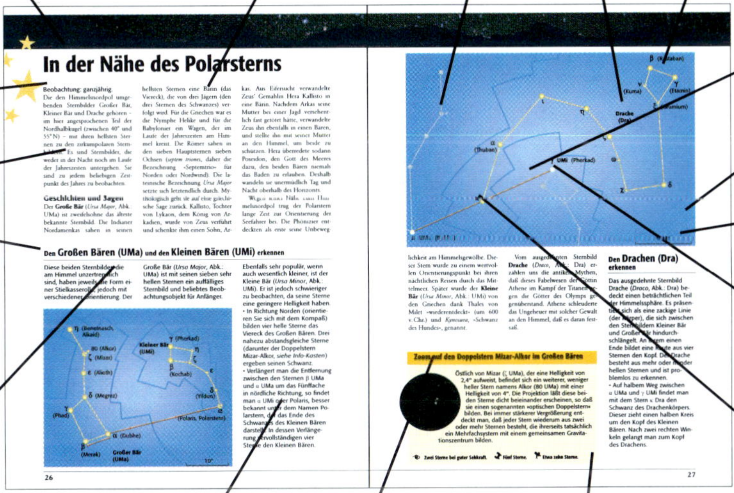


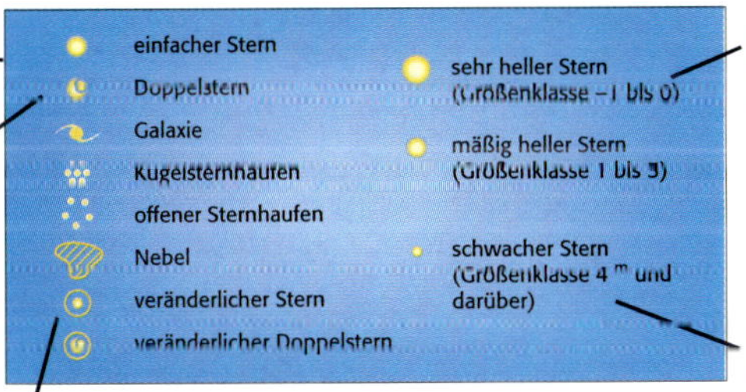

# Den Himmel verstehen

# Der Himmel und die Menschen

*Das Himmelsgewölbe hat die Menschen schon immer beeindruckt und fasziniert. Welcher Art sind die kleinen Lichter, die in der Dunkelheit glitzern? Welche Botschaften übermitteln sie uns? Wo ist unser Platz in einem System, dessen Herkunft und physikalische Grenzen jenseits unserer Vorstellungskraft liegen, das uns aber gerade deshalb unendliche Perspektiven bietet?*

## Von der Mythologie zum Kalender

Bereits sehr früh projizierte der Mensch mythische Figuren auf das Himmelsgewölbe, Zeugnisse von Beklemmung und Angst gegenüber den kosmischen Weiten. Für die Alten war es beruhigend, das Firmament mit vertrauten Figuren aus ihrem Alltag zu bevölkern. Der Vorzeitmensch, der sich schutzsuchend in Höhlen verkroch, fühlte sich den unbegreiflichen Naturerscheinungen vermutlich vollkommen ausgeliefert. Jedoch zeugen Zeichnungen von Himmelsobjekten davon, daß der Himmel die Menschheit seit eh und je fasziniert hat. Die Astronomie, also die Erforschung der Himmelskörper, ist eine der ältesten Disziplinen. Doch erlangte sie erst spät ihren Status als wahre Wissenschaft. Lange waren Astronomie und Astrologie eng miteinander verknüpft. Die Himmelskörper wurden sehr früh schon mit Gottheiten identifiziert, deren Zorn man fürchtete, obgleich sie auch wohlwollend sein konnten. Insbesondere erahnte man die wesentliche Bedeutung der Sonne für das Leben auf der Erde. In den Augen der Ägypter starb die Sonne jeden Abend am Horizont. Jede Morgendämmerung stellte die Geburt eines neuen Tagesgestirns dar, das das Schreckgespenst der ewigen Nacht verscheuchte. Die Griechen sahen in der Milchstraße den Schauplatz gewaltiger Auseinandersetzungen zwischen Helden und Göttern.

*Darstellung des berühmten dänischen Astronomen Tycho Brahe (1546–1601), der der Lehrer von Johannes Kepler war. Hier sieht man ihn in seiner Sternwarte auf der Insel Hven, die 1576 mit Unterstützung von Friedrich II. von Dänemark erbaut wurde (Museum für Wissenschaftsgeschichte, Florenz).*

Die Beobachtung des Himmels wurde im Laufe der Zeit durch die Bedürfnisse der Landwirtschaft und wegen der Notwendigkeit der Orientierung und der Zeitmessung intensiviert. Zahlreiche Sternbildbezeichnungen wurden von Hirten-, Bauern- und Seefahrervölkern eingeführt. Der Himmelskalender der Ägypter ermöglichte es, die Wiederkehr günstiger Perioden für Aussaat und Ernte vorherzusagen. Die ersten Seefahrer der Mittelmeerküsten – Phönizier, Kreter, Griechen und Römer – verfügten weder über Kompaß, noch über Quadranten oder Sextanten, um sich zu orientieren und die eigene Position zu ermitteln. Die Sterne waren keine »astronomischen« Objekte im heutigen Sinne, sondern vielmehr Instrumente, mit denen es möglich wurde, zu navigieren und den Breitengrad zu bestimmen (das Schiffschronometer, das es erlaubte, den Längengrad zu ermitteln, wurde allerdings erst im 18. Jahrhundert von dem Engländer John Harrison erfunden).

## Atlanten und Sternkataloge

Parallel dazu entwickelte sich der Wunsch, den Himmel zu beobachten, um ihn zu »ordnen«. Die erste Himmelskarte, die von den Sumerern und den Chaldäern zwischen dem 21. und dem 11. Jahrhundert vor unserer Zeitrechnung erstellt wurde, gelangte über die Phöniker und die Ägypter zu uns. Zeitgleich wurde im Orient durch das antike China und benachbarte Kulturen das astronomische Wissen beträchtlich erweitert. Im 3. Jahrhundert v. Chr. erstellte der griechische Astronom Eratosthenes erstmalig einen Sternkatalog. Dieser umfaßte 710 Sterne und wurde im 2. Jahrhundert n. Chr. von seinem Landsmann Ptolemäus auf 1022 Sterne erweitert.

Bedeutende Fortschritte erbrachten die Arbeiten arabischer Astronomen des Mittelalters. Doch die nächste Etappe in der Entdeckung des Universums ließ bis in die Renaissancezeit auf sich warten. Die Entwicklung von Fernrohren ließ es zu, sich den Himmelsobjekten zu »nähern«, um ihren Geheimnissen auf den Grund zu gehen. Neue Ideen und Philosophien sowie theoretische Erkenntnisse und technologische Fortschritte ermöglichten es, die Grenzen unseres Universums Schritt für Schritt zu erweitern. Der Planet Erde fiel von seinem geozentrischen Podest herunter und nahm seinen Platz auf einer Umlaufbahn um die Sonne ein. Das Sonnensystem wurde mit dem »Galileischen« Fernrohr – mit dem die Jupitermonde, die Mondkrater und die Sonnenflecken entdeckt wurden – und mit dem Newton-Teleskop untersucht. Mit der Entdeckung der Galaxien erweiterte sich das Universum noch einmal: Gigantische Universums-Inseln (die von dem Philosophen Kant bereits erahnt worden waren) lassen uns der Winzigkeit unseres Sonnensystems und unseres Planeten im Verhältnis zu unserer Galaxie bewußt werden.

Verschiedene Ereignisse des 20. Jahrhunderts brachten unseren Weltbegriff durcheinander: die Eroberung des Weltalls 1961 und der erste Schritt eines Menschen auf dem Mond 1969. Heute ermöglichen es uns die Radioteleskope, den Herzschlag der Sterne zu »belauschen«, das Hubble-Weltraumteleskop bietet uns spektakuläre Bilder von den Grenzen des Universums, der Hipparcos-Satellit untersuchte die Entfernungen und die Bewegungen der Sterne. Wir haben jetzt genauere Kenntnisse über die Evolution der Materie und die Organisation des Universums. Doch jede Antwort bringt weitere Fragen mit sich . . .

*Oben: Start der Raumfähre Columbia vom Kennedy-Zentrum (1982). Bei dieser dritten Reise um die Erde nahm die Raumfähre insbesondere Instrumente zur Beobachtung der Sonne mit ins All.*

*Links: Diese persische Miniatur aus dem 16. Jahrhundert stellt ein Observatorium in einem islamischen Land jener Zeit dar (Topkapi-Bibliothek, Istanbul).*

# Das Universum

*Seit der Mensch seinen Blick gen Himmel richtete, machte er sich Gedanken über Anfang und Ende des Universums. Mangels wirklich wissenschaftlicher Kenntnisse gab er sich auf seine Fragen philosophische oder religiöse Antworten. Heute ist die Wissenschaft in der Lage, verschiedene Szenarien bezüglich der Evolution des Universums anzubieten.*

*Auf dieser Aufnahme der Galaxie M100, die 1993 vom Hubble-Weltraumteleskop gemacht wurde, kann man die Struktur einer typischen Spiralgalaxie bewundern.*

## Ein expandierendes Universum

Die Urknall-Theorie, die von der großen Mehrheit der wissenschaftlichen Gemeinschaft anerkannt wird, besagt, daß das Universum aus einer gewaltigen anfänglichen Explosion entstanden ist, bei der sich die Materie gebildet und anschließend organisiert habe.

Diese Explosion soll sich vor 10 bis 16 Milliarden Jahren ereignet haben. Seitdem expandiert das Universum in alle Richtungen. Diese Entdeckung verdanken wir den Arbeiten des amerikanischen Astronomen Edwin Hubble. In den 20er Jahren untersuchte er die Spektren von Galaxien, und stellte fest, daß ihre Spektrallinien eine »Rotverschiebung« aufwiesen. Da dies gewöhnlich ein Zeichen dafür ist, daß sich die beobachtete Lichtquelle entfernt, schloß er aus den ermittelten Daten, daß sich die Galaxien systematisch voneinander fortbewegen. Dieses Phänomen unterliegt einer Regel: Je weiter entfernt eine Galaxie ist, um so größer ist ihre Fluchtgeschwindigkeit. Dies war das erste Mal, daß man die Expansion des Universums beobachtete.

## Die Bestandteile des Universums

Das Universum ist von verschiedenen Objekten bevölkert. Es würde den Rahmen dieses Handbuchs sprengen, detailliert auf ihre enorme Vielfalt und ihr physikalisches Wesen einzugehen. Es ist jedoch möglich, die Stellung unseres Planeten im Universum zu skizzieren.

*Galaxien enthalten riesige Gas- und Staubwolken. Dieses Bild des Hubble-Teleskops zeigt eine Detailaufnahme aus der Großen Magellanschen Wolke (30 Doradus).*

Die ersten Gedanken über unsere Galaxie machte sich der Astronom William Herschel (1738–1822). Im 20. Jahrhundert entdeckte Edwin Hubble, daß sich Sterne zu riesigen, scheibenähnlichen Gebilden gruppieren: den Galaxien. Die Galaxien zeigen deutliche Umrisse und enthalten jeweils mehrere hundert Milliarden Sterne in einer Wolke aus interstellarem Gas und Staub. Viele sind rotierende Spiralstrukturen. Sie weisen im allgemeinen die Form einer mehr oder weniger abgeflachten Scheibe auf, die sich in ihrem Zentrum verdickt. Die Verdickung ist extrem hell und materiereich. Von diesem sogenannten Kern aus erstrecken sich verschieden geformte und unterschiedlich lange Spiralarme. Die große Mehrheit der helleren Galaxien zeigt diese spiralförmige Struktur um einen zentralen Kern. In dem von Hubble entwickelten Klassifikationssystem werden sie »Spiralgalaxien« genannt. Andere weisen eine ovale Form auf und werden als »elliptische« oder

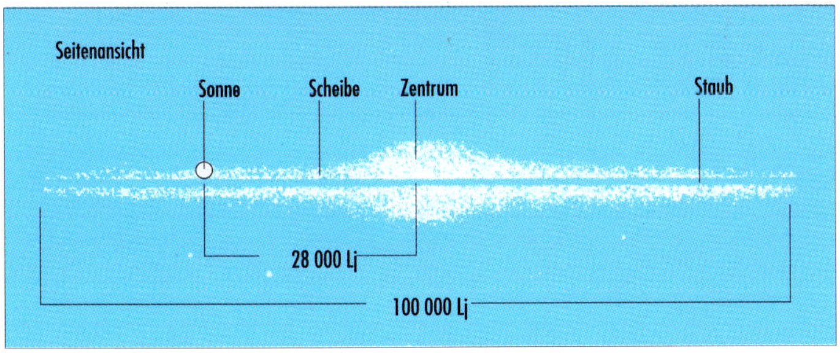


*Unsere Galaxie (die wir als Galaxis – mit »s« am Ende – bezeichnen, um sie von den anderen Galaxien zu unterscheiden) ist eine Spiralgalaxie, die Milliarden von Sternen enthält. Einer dieser Sterne, der sich in einem Spiralarm befindet, ist unsere Sonne. Die in dieser Skizze eingetragenen Entfernungen sind in Lichtjahren (Lj) angegeben.*

»linsenförmige« Galaxien bezeichnet. Ferner gibt es »irreguläre« Galaxien, die eine unregelmäßige Form besitzen. Die Galaxien gruppieren sich zu Haufen und diese wiederum zu Superhaufen. Bei klaren Sichtverhältnissen kann man das weiß schimmernde Band der Milchstraße beobachten, das das nächtliche Himmelsgewölbe durchzieht: Das ist die Ansicht, die wir von unserer eigenen Galaxis wahrnehmen können. Die Astronomen, die mit immer leistungsfähigeren Instrumenten die Tiefen des Universums sondieren, entdecken eine vielfältige Population. Abgesehen von den in den Galaxien versammelten Sternhaufen finden sie Quasare (besondere Galaxienkerne), verschiedenartigste Sterne (Pulsare, Doppelsterne, veränderliche Sterne, Weiße Zwerge, Neutronensterne, Novae, Supernovae), diffuse und planetarische Nebel und weitere exotische Objekte, die sich in allen Wellenlängenbereichen des elektromagnetischen Spektrums finden. Andere kuriose Objekte lassen sich nicht beobachten: Schwarze Löcher kann man nur indirekt durch ihre Gravitationswirkung auf ihre Umgebung nachweisen.

## Die Evolution des Universums

Wie wird das Ende des Universums aussehen? Heute geht man von zwei möglichen Szenarien aus. Entweder setzt sich die Expansion des Universums, die mit dem Urknall begann, unendlich fort, oder sie hört zu einem bestimmten Zeitpunkt auf, weil die Gravitationskräfte die Oberhand über die inflationären Kräfte gewinnen. In diesem Fall setzt eine Kontraktionsphase ein, die in einem »Big Crunch« (Zusammenfall) endet.

Es ist zur Zeit nicht möglich zu entscheiden, welche Situation eintreten wird, da dies von der Dichte des Universums abhangt, eine bis heute unbekannte Größe. Liegt die mittlere Dichte des Universums unterhalb der kritischen Dichte von $5 \cdot 10^{-30}$ g/cm$^3$, wird sich seine Expansion unendlich fortsetzen. Sollte sie hingegen darüber liegen, wird die Expansion zum Stillstand kommen und eine Kontraktion einsetzen. Es ist schwierig, sich eine Meinung zu bilden, da manche Theorien davon ausgehen, daß etwa 90 % der Materie des Universums »verborgen« ist und für die Instrumente unsichtbar bleibt . . .

*Die verschiedenen Ebenen dieses Bildes erlauben es, den Platz der Erde im Universum darzustellen: Erde und Mond, inneres Sonnensystem, gesamtes Sonnensystem, nahe Sterne, unsere Galaxis und schließlich der Galaxienhaufen, zu dem sie gehört. Von einer Ebene zur nächsten sind die Dimensionen um den Faktor 1000 vergrößert.*

# Sterne, Planeten und andere Objekte

*In den Galaxien befinden sich zahlreiche verschiedenartige stellare Systeme. Unser Sonnensystem ist eines davon: Ein Stern, unsere Sonne, wird darin von mehreren Planeten, darunter unsere Erde, begleitet.*

*Diese Aufnahme des Hubble-Teleskops zeigt Details eines fantastischen Sternhaufens in der Großen Magellanschen Wolke.*

## Haufen und Nebel

Um das Zentrum von Galaxien kreisen besondere Sternansammlungen. Die »Kugelsternhaufen« bestehen aus sehr alten Sternen, die man in den Randgebieten von Galaxien findet. Sie sind Überbleibsel aus der Zeit der Galaxienbildung und sind bis zu 15 Milliarden Jahre alt. In diesen Kugelhaufen versammeln sich dicht gedrängt mehrere tausend, manchmal sogar mehrere hunderttausend Sterne. Die sogenannten »offenen Haufen« präsentieren sich als locker aufgebaute Gruppen von etwa zehn bis tausend Sternen. Gewöhnlich handelt es sich um junge Haufen, die weniger als 200 Millionen Jahre alt sind. Es befinden sich darunter aber auch ältere Haufen, die bis zu 10 Milliarden Jahre alt sein können. Einige Sternhaufen lassen sich leicht beobachten. Sie sind zum Teil mit bloßem Auge sichtbar.

In den Galaxien befinden sich außerdem riesige Gas- und Staubwolken. Es sind die sogenannten Nebel, die von einem oder von mehreren Sternen ihrer Umgebung angestrahlt werden. Man unterscheidet zwischen diffusen Nebeln mit wolkenähnlicher Form und planetarischen Nebeln. Die expandierenden Gasschalen der planetarischen Nebel bilden einen Ring um einen Zentralstern aus. Daher haben sie ihren irreführenden Namen.

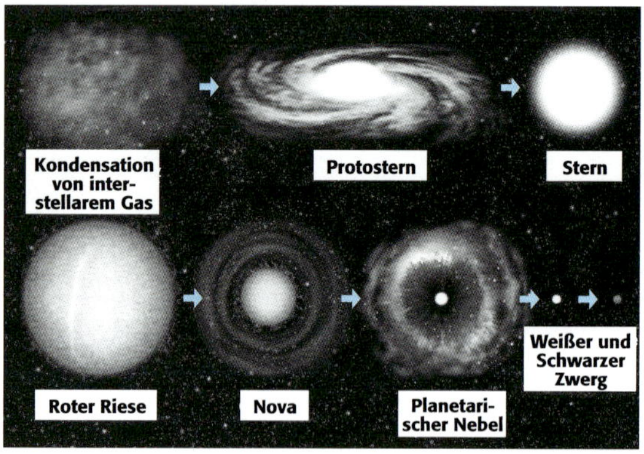


*Geburt und Tod eines Roten Riesen: Nach Ausstoß und Kontraktion von Materie entwickelt er sich im Laufe des Erkaltungsprozesses zu einem Weißen und schließlich zu einem Schwarzen Zwerg.*

## Sterne

Die Sterne entstehen im Herzen von kontrahierenden Gas- und Staubwolken. Aufgrund von Gravitationskräften wird die Temperatur innerhalb dieser Wolken so hoch, daß thermonukleare Reaktionen einsetzen: Aus einem Protostern, der sich im Zentrum einer rotierenden Scheibe gebildet hat, entsteht ein neuer Stern. Manchmal bilden sich auch zwei Sterne, die gravitativ aneinander gebunden sind, sogenannte Doppelsterne.

Den größten Teil seines Lebens (zwischen einigen Millionen und mehreren Milliarden Jahren) verwandelt der Stern Wasserstoff in Helium. Wenn schließlich seine gesamten Brennstoffvorräte verbraucht sind, stirbt er. Hierbei sind mehrere Szenarien möglich, je nachdem, ob er sich in einen Roten Riesen oder einen Überriesen verwandelt. Dies hängt von seiner Masse ab.

Wenn man Sterne aufmerksam beobachtet, stellt man fest, daß sie nicht alle weiß sind, sondern in verschiedenen Farben leuchten: grün, blau, orange oder rot. Die Farbe eines Sterns gibt uns Auskunft über seine Temperatur und damit auch über seinen Entwicklungszustand: Blaue und weiße Sterne weisen hohe Temperaturen auf. Es sind junge Sterne. Grüne und gelbe Sterne haben (wie etwa unsere Sonne) die Hälfte ihres Lebens hinter sich. Goldgelbe und rote Sterne schließlich sind ältere und kühlere Sterne am Ende ihrer Entwicklung. Außerdem gibt es Sterne, deren Helligkeit mehr oder weniger regelmäßig variiert. Es sind die Veränderlichen. Diese Schwankungen treten aufgrund der Verdunkelung durch einen Begleitstern (bei Bedeckungsveränderlichen) oder aufgrund von Vorgängen im Sterninneren (bei Pulsationsveränderlichen, Supernovae . . .) auf.

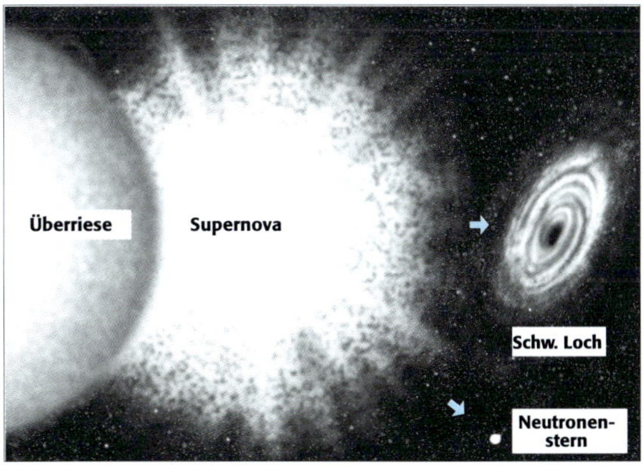


*Tod eines Roten Überriesen: Nach einer Supernova-Explosion verdichten sich die verbliebenen Bestandteile. Sie bilden einen Neutronenstern oder ein Schwarzes Loch (oder einen Pulsar).*

## Das Sonnensystem

Die Sonne, einer der Sterne unserer Galaxis, ist uns wohlbekannt. Mit ihrem Gefolge aus neun Planeten nebst Monden, Kleinplaneten und Millionen von Kometen bildet sie das Sonnensystem. Sie ist der einzige Stern, dessen Oberfläche die Astronomen detailliert untersuchen können. Mit ihr ist es möglich, auch die anderen Sterne besser zu verstehen. Sie ist ein gelber Stern in der Mitte seines Lebens mit einem Durchmesser von 1390000km. Ihre Masse beträgt etwa das 350000fache der Erdmasse. Hobby-Astronomen können die Flecken beobachten, die mit einer Periode von rund 11 Jahren an ihrer Oberfläche erscheinen und wieder verschwinden. Zwischen Mars und Jupiter befindet sich ein Gürtel aus felsigen Kleinplaneten, den Asteroiden. Aus den Randbezirken des Sonnensystems erscheinen Kometen, »schmutzige Schneebälle« aus Gestein und gefrorenen Gasen mit einem Durchmesser von wenigen Kilometern. In Sonnennähe kann ein Komet ein beeindruckendes Schauspiel bieten: Das Eis verdampft und bildet einen riesigen Schweif aus. Die periodische Wiederkehr mancher Kometen ist voraussagbar: So kehrt der Halleysche Komet etwa alle 76 Jahre in die Nähe der Sonne zurück. Die Kometen lassen Überreste (Steine und Staub) hinter sich, die sich allmählich entlang ihrer Umlaufbahn verstreuen. Zu manchen Zeiten des Jahres durchquert die Erde solche Wolken aus Kometenresten, die als »Meteorströme« bezeichnet werden. Einige dieser Partikel treffen unseren Planeten und schießen in die Erdatmosphäre, wobei sie mehr oder minder vollständig verglühen: Es sind die Meteore, die im Volksmund »Sternschnuppen« genannt werden.

*Das Sonnensystem mit der Sonne und seinen neun Planeten im Maßstab ihrer jeweiligen Durchmesser (nicht ihrer Entfernungen). Man unterscheidet zwei Arten von Planeten: die terrestrischen Planeten, die aus felsiger Materie bestehen (Merkur, Venus, Erde und Mars), und die Gasplaneten (Jupiter, Saturn, Uranus und Neptun). Pluto ist ein Sonderfall.*

# Ein wenig Himmelsmechanik

*Ein Hobby-Astronom kommt nicht umhin, sich einige Grundkenntnisse der Himmelsmechanik anzueignen. Es handelt sich um einfache geometrische Regeln, die es ermöglichen, die Bewegung der Sterne und der Erde sowie die astronomischen Koordinatensysteme zu verstehen.*

*Bild rechts: Dieses Manuskript von Oronce Finé aus dem Jahr 1543 beschreibt »die Art und Weise, wie man den Längengrad anhand der Mondphase und -bewegung bestimmen kann« (Staatsbibliothek, Paris).*

*Bild unten: Scheinbare Rotation des Himmels an verschiedenen Punkten der Erde; für Beobachter am Nordpol (A), bei 50° nördlicher Breite (B) und am Äquator (C).*

## Die Erdrotation

Die Erde kreist in 365 1/4 Tagen um die Sonne. Eine komplette Umrundung wird jährlicher Umlauf genannt. Außerdem dreht sich die Erde um ihre eigene dazu gekippte Achse. Diese Doppelbewegung bedingt die Jahreszeiten, die von den Sonnenwenden (Sommer- und Winteranfang) sowie von den Tagundnachtgleichen (Herbst- und Frühlingsanfang) eingeläutet werden.

Beobachtet man mehrere Stunden lang einige Sterne am Nachthimmel, stellt man fest, daß sie im Osten auf- und im Westen untergehen, wobei sie mehr oder minder hohe Kreisbögen über dem Horizont beschreiben. Diese scheinbare Himmelsbewegung nennt man »Tagbogen«. Sie wird von der Rotation der Erde verursacht. Die Erde dreht sich um die eigene Achse von Westen nach Osten, also entgegen der scheinbaren Bewegung der Gestirne. Sie benötigt für eine Umdrehung 24 Stunden (oder genauer 23 h 56 min 4 s).

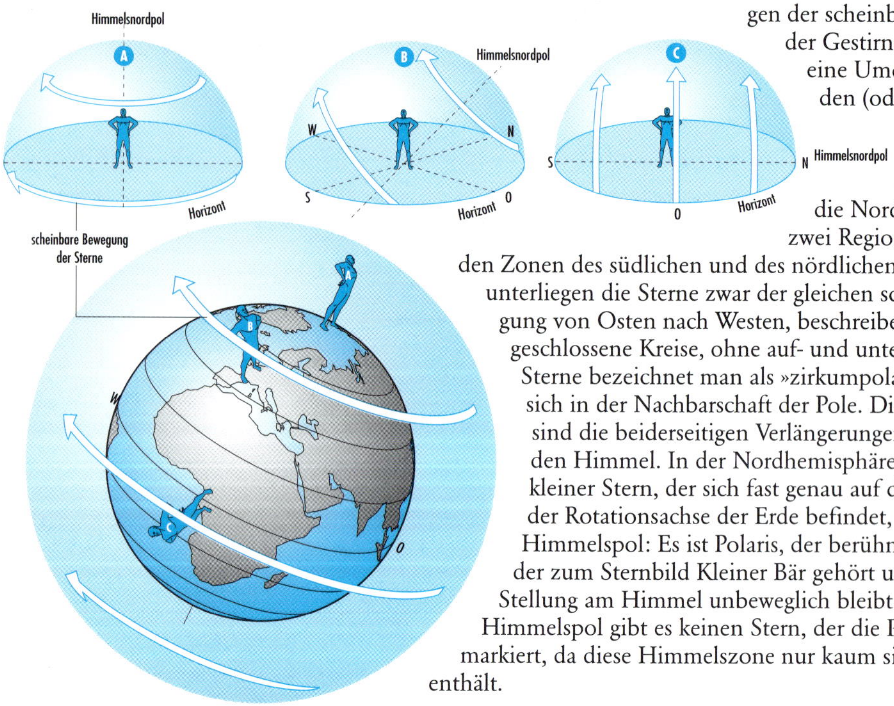


Die Erdrotation erfolgt um die Nord-Süd-Achse. In zwei Regionen des Himmels, den Zonen des südlichen und des nördlichen Himmelspols, unterliegen die Sterne zwar der gleichen scheinbaren Bewegung von Osten nach Westen, beschreiben jedoch geschlossene Kreise, ohne auf- und unterzugehen. Diese Sterne bezeichnet man als »zirkumpolar«: Sie befinden sich in der Nachbarschaft der Pole. Die Himmelspole sind die beiderseitigen Verlängerungen der Erdachse in den Himmel. In der Nordhemisphäre markiert ein kleiner Stern, der sich fast genau auf der Verlängerung der Rotationsachse der Erde befindet, den nördlichen Himmelspol: Es ist Polaris, der berühmte Polarstern, der zum Sternbild Kleiner Bär gehört und wegen seiner Stellung am Himmel unbeweglich bleibt. Am südlichen Himmelspol gibt es keinen Stern, der die Position des Pols markiert, da diese Himmelszone nur kaum sichtbare Sterne enthält.

## Breite und Länge

Die Position einer Stadt auf der Erdkugel bezeichnen wir mit den geographischen Koordinaten Breite und Länge. Der Breitengrad beschreibt, auf welcher Höhe der Erdkugel zwischen Nord- und Südpol sich die Stadt befindet. Er wird in Grad (zwischen 0° und 90°) ausgedrückt. Jedes Grad wird in Minuten (′) und Sekunden (″) unterteilt. Die geographische Breite gibt demnach sowohl für die Süd- als auch für die Nordhemisphäre den Winkelabstand zwischen der Position der Stadt und dem Erdäquator an. Der Längengrad gibt die Position der Stadt nach Osten oder nach Westen in Bezug auf den Nullmeridian an, demjenigen Längenkreis, der durch Greenwich in England verläuft. Er wird ebenfalls in Grad (von 0° bis 180°), Minuten und Sekunden nach Osten oder nach Westen ausgedrückt. Von Städten, die auf demselben Breitengrad liegen, sagt man, daß sie auf demselben Parallelkreis liegen. Wenn sie auf demselben Längengrad liegen, sagt man, daß sie sich auf demselben Meridian befinden.

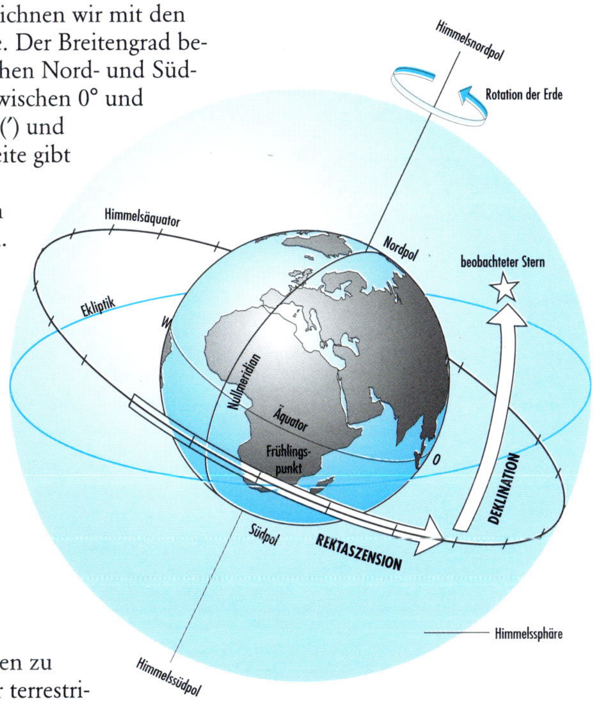


*Die Koordinaten eines beobachteten Sterns heißen Deklination und Rektaszension.*

## Deklination und Rektaszension

Um Regionen des Himmels leichter beschreiben zu können, verwendet man die Projektion einiger terrestrischer Größen. Die Landschaft aus leuchtenden Himmelskörpern, die sich nachts unseren Blicken bietet, stellt man sich dazu auf einer riesigen Sphäre, dem Himmelsgewölbe, fixiert vor. Diese Himmelssphäre ist, wie die Erde, in zwei Hemisphären unterteilt: Nord- und Südhemisphäre. Die Projektion des Erdäquators an die Himmelssphäre ergibt den Himmelsäquator, die Verlängerung der Achse, die durch die Erdpole verläuft, trifft auf die Himmelspole. Ins All projiziert nennt man die geographische Breite »Deklination«. Sie wird ebenso in Grad, Minuten und Sekunden angegeben. Die Deklination eines Sterns am Himmel zu messen bedeutet, seinen Winkelabstand zum Himmelsäquator zu ermitteln.

Den »Längengrad« eines Sterns am Himmel nennt man Rektaszension. Diese zu ermitteln, stellt ein Problem dar. Projiziert man nämlich den Nullmeridian von Greenwich auf den Himmel, so bewegt er sich in demselben Maße, wie die Erde sich dreht. Er verändert also ständig seine Lage gegenüber den Sternen. Die Astronomen umgehen dieses Problem, indem sie im Weltraum einen Punkt festlegen, der den Himmelsnullmeridian markiert: Es ist der sogenannte Frühlingspunkt, einer der Schnittpunkte zwischen der Ekliptik und dem Himmelsäquator. Die Ekliptik, von der Sie als Hobby-Astronom häufig hören werden, ist die scheinbare Bahn der Sonne im Laufe eines Jahres am Himmelsgewölbe. Um die Rektaszension eines Sterns am Himmel zu bestimmen, mißt man also seinen Winkelabstand zum Frühlingspunkt in Stunden (h), Minuten (min) und Sekunden (s).

# Was ist ein Sternbild ?

*Wie die Erdkugel ist auch die Himmelssphäre in unterschiedlich große Zonen unterteilt, die eine Art Himmelskarte mit 88 »Kontinenten« bilden: Es sind die Sternbilder, die sich aus mehr oder minder hellen Sterngruppen zusammensetzen. Sie stellen Figuren aus der Mythologie, Fabelwesen oder wissenschaftliche Objekte dar, denen sie ihre Namen verdanken.*

*Rechts: Auf dieser Himmelskarte aus dem* Astronomecium Caesarem *(1540) von P. Apians erkennt man verschiedene Sternbildfiguren, darunter zum Beispiel den Großen und den Kleinen Bären (Pariser Observatorium).*

## Projektionseffekte

Unter einem Sternbild versteht man eine figürliche Anordnung von Sternen, die sich wegen ihrer besonderen Helligkeit vor dem dunklen Hintergrund des Himmels und anderen Sternen abheben. Die Sternbilder zeichnen somit am Himmelsgewölbe willkürliche Figuren, die es dem Beobachter ermöglichen, sich den Anblick des Himmels besser zu merken und sich leichter zu orientieren. Innerhalb eines Sternbildes sind die Sterne jedoch in der Regel durch gewaltige Entfernungen voneinander getrennt. Nur die Projektion auf die Himmelssphäre läßt sie uns in einer Ebene, nah beieinander, erscheinen. Die Objekte, die sich zu Figuren anordnen lassen, sind Sterne, ähnlich wie unsere Sonne. Sie erscheinen uns unveränderlich und seit Jahrtausenden unbeweglich. Ihre Unbeweglichkeit ist aber nur scheinbar und rührt von den gigantischen Entfernungen her, die sie von uns trennen. Sie sind so weit entfernt, daß die Bewegung der meisten Sterne innerhalb eines Menschenlebens nicht wahrnehmbar ist.

*Zwei verschiedene Darstellungen des Sternbildes Löwe. Oben: an der Decke des Grabmals von Sethi I., in der Nähe von Theba in Ägypten; unten: in der* Abhandlung über der die Fixsterne *des iranischen Astronomen Al-Sufi im 10. Jahrhundert (Staatsbibliothek, Paris).*

## Sternbilder festlegen

Einige Sternbildnamen stammen aus längst vergangenen Zeiten. Ein Großteil davon stellt mythische Figuren dar, die mit zahlreichen Märchen und Legenden verbunden sind. Die meisten sind griechischen Ursprungs, doch stammen sie zum Teil auch von anderen Völkern der Antike sowie von arabischen Beobachtern des Mittelalters. Diese Projektionsmethode erlaubte es jenen Völkern von Bauern und Seefahrern, sich die Formen der Himmelsbilder leichter zu merken, um sich im Alltag an ihnen zu orientieren.

Darstellungen und Legenden reisten jahrhundertelang und wurden im Rhythmus der Handels- und Kulturbeziehungen oder der Invasionskriege überliefert und verändert. Einige der Bezeichnungen, die sich über Jahrhunderte hinweg behauptet haben und heute noch nach wie vor von professionellen und Hobby-Astronomen verwendet werden, sind beispielsweise Stier, Orion, Pegasus, Andromeda,

Fuhrmann, Adler, Wasserschlange, Walfisch bei den Sternbildern und Wega, Antares, Beteigeuze, Rigel, Canopus, Sirius bei den Sternen. Es sind Namen früherer Helden und Dämonen, die uns in das hellenistische Griechenland, in die Zeit der Pharaonen Oberägyptens, in die babylonische Kultur oder ins mittelalterliche islamische Reich zurückversetzen.

1603 erstellte Johann Bayer, ein deutscher Astronom, in seiner *Uranometria* erstmalig ein Verzeichnis der Sternbilder, die im Laufe der Jahrhunderte von den Priestern und Poeten verschiedener Zivilisationen am Himmel erfunden und denen allerlei symbolische, religiöse und astrologische Eigenschaften zugeschrieben worden waren. In der Folgezeit wurde der Nachthimmel noch verschiedentlichen Veränderungen unterzogen und zusätzliche Sternbilder kamen hinzu. Um in den Genuß von Vergünstigungen seitens ihrer Herrscher zu kommen, zögerten manche Astronomen nicht, ganze Sternbilder nach ihnen zu benennen. Zwischen 1660 und 1680 führte der polnische Astronom Hevelius neben den Sternbildern Kleiner Löwe, Jagdhunde und Eidechse noch das Sternbild Sobieski-Schild ein: Der König von Polen, Jan Sobieski III. hatte ihm 1677 eine Rente gewährt. Höflingsschmeichelei verleitete auch den Italiener Coronelli unter Ludwig XVI. dazu, das Sternbild der Fliege umzutaufen und ihm statt dessen den Namen Lilie zu geben. Solche »himmlischen Höflichkeitsbezeugungen« wurden sogar auch unter Freunden erwiesen. 1774 führte Jérôme de Lalande das Messier-Sternbild ein und ehrte damit seinen Kollegen, der zahlreiche Kometen entdeckt hatte.

Erst im 16. Jahrhundert konnte – dank der ersten Entdeckungsreisen auf die Südhalbkugel – der südliche Teil der Himmelssphäre kartographiert werden. Die endgültige Fassung der Himmelskarten wurde im 18. Jahrhundert von dem Engländer John Flamsteed, Direktor des Greenwich-Observatoriums, in seinem Himmelsatlas festgelegt. Die Formen und Namen der neuen Konstellationen sind die von wissenschaftlichen Objekten anstelle der für die Nordhemisphäre typischen mythischen Figurennamen. Heute ist das gesamte Himmelsgewölbe in 88 Sternbilder unterteilt. Jedes Sternbild überdeckt eine bestimmte Fläche, ihre Grenzen wurden offiziell 1925 von der einzigen hierfür zuständigen Organisation festgesetzt: der Internationalen Astronomischen Union (IAU).

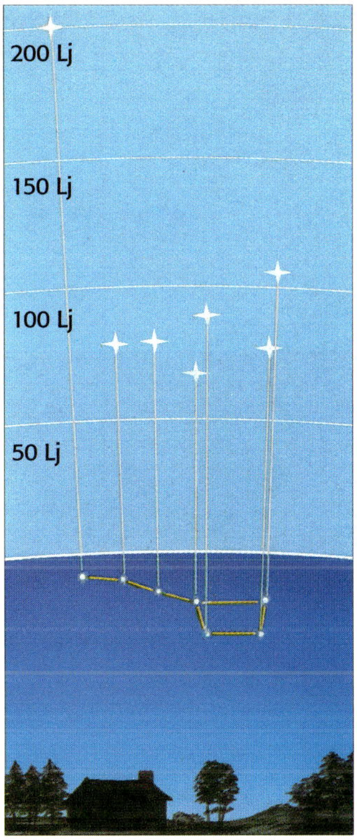


*Die verschiedenen Sterne eines Sternbildes stehen in keinerlei nachbarschaftlichem Bezug zueinander. Das Bild, das sie entstehen lassen, ist das Ergebnis des Projektionseffekts. Dies erkennt man leicht am hier gezeigten Beispiel des Großen Bären: Die Entfernungen zwischen den Sternen sind in Lichtjahren (Lj) angegeben.*

## Namensgebung

Die Astronomen haben eine einheitliche Namensgebung zur Bezeichnung der Sternbilder vereinbart. Jedes Sternbild hat, zusätzlich zu seinem landeseigenen Namen (auf deutsch, englisch, französisch . . .) einen lateinischen und damit internationalen Namen: Der Große Bär beispielsweise ist in der ganzen Welt unter dem Namen *Ursa Major* bekannt. Häufig werden aber auch die Abkürzungen dieser lateinischen Namen verwendet, um Sternbilder und vor allem die dazugehörigen Objekte zu bezeichnen.

Eine ganz besondere Kategorie von Sternbildern sind die Tierkreissternbilder: Sie befinden sich an der Himmelssphäre in einer Zone um die Ekliptik. Aus ihnen sind die zwölf Tierkreiszeichen hervorgegangen.

# Sich am Himmel orientieren

*Das Erkennen der Sternbilder ist die erste Etappe für Sie, wenn Sie bei der Entdeckung und der Beobachtung von Himmelskörpern vorankommen möchten. Damit Sie die entsprechenden Sterne unter den etwa 3000 Sternen, die mit bloßem Auge an einem bestimmten Ort sichtbar sein können (am gesamten Himmel sind es 6000), ausfindig machen können, sollten Sie sich ein wenig Grundwissen aneignen.*

*Durch ihre scheinbare Bewegung beschreiben die Sterne um den Polarstern konzentrische Kreise.*

## Erste Orientierungsübungen

Beginnen Sie damit, daß Sie nachts die scheinbare Bewegung des gesamten Himmelsgewölbes von Osten nach Westen sowie die jahreszeitliche Wanderung einiger Sternbilder (die Ihnen sehr bald vertraut sein werden) verfolgen. Sollte der Himmel sehr klar sein, suchen Sie die Milchstraße, jene große Wolke, die den Himmel durchzieht und Ihnen bei der Orientierung helfen wird. Lokalisieren Sie auch sofort den Polarstern und den Großen Bären: Es sind Orientierungspunkte, die ganzjährig sichtbar sind. Benutzen Sie hierfür einen Kompaß, um Norden zu ermitteln, und befolgen Sie die Anleitung auf Seite 26.

## Maßstäbe und Aufsuchhilfen

In der Theorie können wir von jedem Standort aus die Hälfte des Himmels beobachten. Tatsächlich können wir horizontnahe Himmelskörper aber nur selten sehen, da der Horizont häufig von Wohngebieten verdeckt oder von störenden Lichtquellen aufgehellt wird oder weil die Atmosphäre die Beobachtungsqualität beeinträchtigt. Um Distanzen auf unserer Hälfte des sichtbaren Himmels zu ermitteln, müssen wir das Himmelsgewölbe mit einer Skala versehen, wie sie bei Sphären üblich ist. Die Entfernung zwischen zwei gegenüberliegenden Horizonten (beispielsweise dem nördlichen und dem südlichen) beträgt 180°, sprich die Hälfte einer Sphäre. Zwischen diesen beiden Punkten befindet sich der Zenit senkrecht über unseren Köpfen bei 90°. Ihm gegenüber, also genau unter uns, befindet sich der Nadir. Um die scheinbare Entfernung zwischen zwei Sternbildern oder zwei Himmelskörpern zu ermitteln, verwendet man eine einfache und weit verbreitete Methode. Bei ausgestrecktem Arm gibt Ihnen Ihre Hand dazu die folgenden, ungefähren Anhaltspunkte: Die Breite Ihres Daumens entspricht 2°, der Winkel zwischen Daumen und kleinem Finger bei gespreizten Fingern entspricht 20° und die geschlossene Faust mißt 10° (dieser Wert ist auf jeder Karte dieses Handbuchs vermerkt).

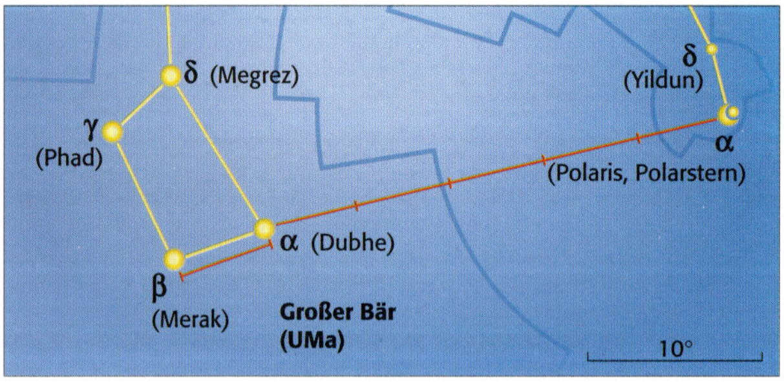


*Beispiel für eine Aufsuchhilfe: Um den Polarstern zu finden, mißt man die Entfernung zwischen zwei Orientierungssternen im Großen Bären (mit zwei Fingern bei ausgestrecktem Arm) und überträgt diese Länge so oft wie angegeben in die markierte Richtung (siehe Seite 26).*

Eine weitere, in diesem Buch verwendete, einfache Methode besteht darin, den Abstand zweier (oder mehrerer) bekannter Sterne als Einheit festzulegen, und diese so oft wie angegeben abzumessen, um zu einem weiteren Stern zu gelangen.

## Scheinbarer Durchmesser und Helligkeit

Man kann die Winkelausdehnung einiger größerer Objekte dadurch ermitteln, daß man ihren scheinbaren Durchmesser, der sich natürlich vom realen Durchmesser im Weltraum unterscheidet, mißt. Der scheinbare Durchmesser von Sonne und Vollmond hat eine Winkelausdehnung von 0,5°. Sonne und Mond, die an unserem Himmel sehr bedeutend sind, haben jedoch einen kleineren Winkeldurchmesser als andere Himmelsobjekte: Der mit bloßem Auge sehr gut sichtbare Sternhaufen der Plejaden beispielsweise (siehe Seite 39) nimmt am Himmel 1° ein (das ist das Doppelte der Mondbreite), die große Andromeda-Galaxie (siehe Seite 35) erstreckt sich sogar über das Dreifache der Mondbreite. Jedoch haben diese Objekte eine wesentlich geringere Helligkeit als unser Trabant und sind deshalb weniger gut sichtbar.

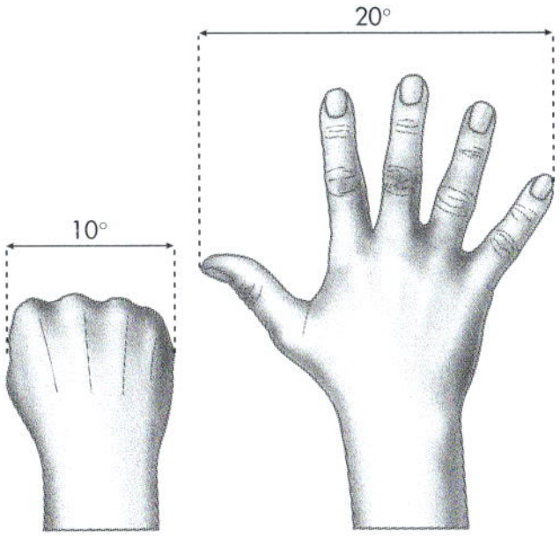


*Bei ausgestrecktem Arm kann Ihnen Ihre Hand (gespreizte Finger oder geschlossene Faust) bei der Schätzung von Entfernungen sehr dienlich sein.*

Die Helligkeit eines Himmelskörpers (Planet, Stern, Komet, Haufen, Nebel, usw.) gibt man in Größenklassen (Magnituden, geschrieben $1^m$) an. Je größer die Zahl ist, desto weniger hell ist der Himmelskörper. Sterne der Größenklasse 1 sind sehr hell, ihnen folgen Sterne der Größenklassen 2, 3, usw. bis zur Größenklasse 6, der Sichtbarkeitsgrenze mit dem bloßen Auge. Besonders helle Gestirne haben eine negative Helligkeit, z. B. $-1{,}4^m$ für Sirius, den hellsten Fixstern am Himmel (auf Seite 60 finden Sie eine Tabelle der 25 hellsten Sterne am Himmel).

Man darf die Sterne nicht mit den Planeten des Sonnensystems verwechseln, die sich deutlich sichtbar und unabhängig voneinander am Himmel bewegen. Mit bloßem Auge kann man fünf davon erkennen: Merkur, Venus, Mars, Jupiter und Saturn. Im Gegensatz zu den Sternen leuchten die Planeten und der Mond nicht selbst, sondern reflektieren nur das Sonnenlicht.

*Auf dieser Miniatur aus dem Werk De proprietatibus rerum von Bartholomaeus Anglicus (13. Jahrhundert) werden Sonne und Mond und die damals bekannten Planeten durch die Gottheiten dargestellt, deren Namen sie tragen. Im Zentrum ist die Erde, am Außenrand befinden sich die zwölf Tierkreiszeichen (Staatsbibliothek, Paris).*

## Sternbezeichnungen

Die Astronomen haben sich auf eine einheitliche Namensgebung geeinigt (siehe Seiten 18–19), um die Sternbilder und die dazugehörigen Sterne zu bezeichnen (in der Reihenfolge ihrer Helligkeit). Es wird bei dieser Klassifizierung zunächst das griechische Alphabet von α (alpha) bis ω (omega) verwendet. Der griechische Buchstabe α bezeichnet den hellsten Stern eines Sternbildes, β den zweithellsten, γ den dritthellsten, usw. Ist man am Ende des Alphabets angelangt, werden die weiteren Sterne durch Zahlenkombinationen gekennzeichnet. Die lateinische Abkürzung des Sternbildes wird dem griechischen Buchstaben bzw. der Zahl hinzugefügt. So nennt man den hellsten Stern im Sternbild Großer Bär α UMa (UMa ist die Abkürzung für den Genitiv von *Ursa Major*, Ursae Majoris). Die hellsten Sterne haben zudem meist einen eigenen Namen, oftmals lateinischen oder arabischen Ursprungs: Polaris (der Polarstern), Wega, Atair . . . Der arabische Name von α UMa lautet Dubhe. Die anderen Objekte (Haufen, Nebel, Galaxien) erhalten ihre Namen durch die Einordnung in zwei internationale Kataloge: Im Messier-Katalog wird ein Objekt mit einem M gefolgt von einer Zahl (M4 beispielsweise) bezeichnet, im New General Catalogue mit der Abkürzung NGC gefolgt von einer Zahl.

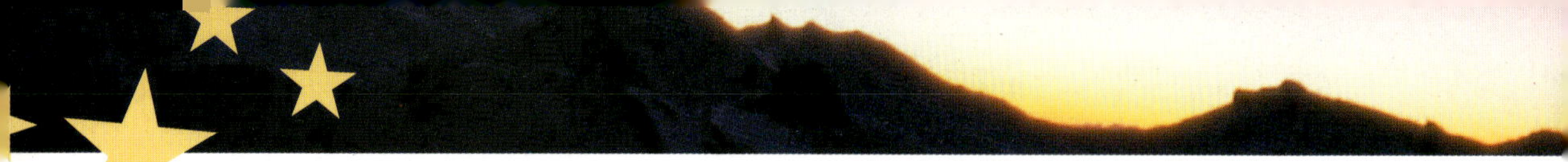

# Die Beobachtung vorbereiten

*Die Sternbeobachtung ist eine Leidenschaft, die Sie bereits nach wenigen Nächten »unter freiem Himmel« erfassen kann. Sie werden außergewöhnliche Momente, reich an vielfältigen und oft ungeahnten Entdeckungen erleben. Damit die Beobachtung Spaß macht, sollten Sie allerdings einige Vorkehrungen treffen, die Sie vor jeder Nacht beherzigen sollten.*

*Unmittelbar nach Sonnenuntergang sind erste Beobachtungen der hellsten Sterne am Himmel möglich.*

*Die Beobachtung der verschiedenen Strukturen auf der Mondoberfläche (Krater, Ebenen ...) ist günstig, wenn sich dieser als Sichel präsentiert.*

## Beobachtungsort

Eine der schlechtesten Arten, den Himmel zu beobachten, ist die vom Fenster eines Gebäudes aus. Der Austausch von warmer Luft aus dem Innenraum mit der kälteren von draußen erzeugt genau da, wo man sich befindet, Konvektionsbewegungen. Das beobachtete Bild wird empfindlich gestört. Sollten Sie in der Stadt leben und keinen Garten haben, mag ein Balkon genügen. Der ideale Beobachtungsort befindet sich allerdings auf dem Land, in Hochlagen, weit entfernt von den störenden Lichtern der Städte, Wohngebiete und Fabriken, von den Laserstrahlen der Diskotheken und von der Straßenbeleuchtung. Die Beobachtungssitzung sollte auf einer Grasfläche stattfinden: Terrassen und Sandflächen sind zu meiden, da sie die tagsüber gespeicherte Wärme nachts wieder abgeben und dabei Turbulenzen erzeugen.

## Material

Am Anfang ist es unnötig, sich ein Fernrohr oder Spiegelteleskop anzuschaffen. Das bloße Auge ist das beste Instrument, um erste Sternbeobachtungen durchzuführen, die vor allem darin bestehen, sich mit den Sternbildern vertraut zu machen. In einer zweiten Phase, wenn Sie etwas geübter sind, werden Sie das Bedürfnis verspüren, ein gutes Fernglas oder ein kleines Teleskop zu besitzen, um dieses oder jenes Detail des Himmels zu beobachten.

Zusätzlich zu diesem Handbuch sollten Sie ein Notizheft und einen Bleistift zur Hand haben, um eigene Beobachtungen festzuhalten (bemerkenswerte Objekte, neue Aufsuchhilfen ...). Denken Sie an Gemütlichkeit: Sessel, Liegestuhl, Isomatten und warme Decken gehören zur Basisausrüstung für eine schöne Beobachtungsnacht.

## Kleidung und Nahrungsmittel

Die Milde der Sommernächte wird Sie dazu verleiten, den Nachthimmel vornehmlich in dieser Jahreszeit zu beobachten. Bald werden Sommersternbilder kein Geheimnis mehr für Sie darstellen. Doch bei zunehmender Kenntnis des Nachthimmels werden Sie auch den Wunsch verspüren, die unbekannten Herbst- und Wintersternbilder zu entdecken. In den seltensten Fällen werden Sie in unseren Breitengraden den Himmel in T-Shirt und kurzer Hose beobachten können! Aus der Leidenschaft kann dann leicht ein Alptraum werden: sich warm anzuziehen ist also eine goldene Regel in der Astronomie (selbst im Sommer kann es in der zweiten Nachthälfte frisch werden). Sobald die Kälte einsetzt, sind Handschuhe, Mütze,

Anorak, dicke Strümpfe und warmes Schuhwerk unabdingbar, um die Nacht gut durchzustehen. Es gibt nichts Schlimmeres als fehlende Bewegung, wenn einem kalt ist. Die notwendige Aufmerksamkeit wird von den um die eiskalten Finger kreisenden Gedanken gestört. Möglicherweise verpaßt man dadurch eine schöne Beobachtungsnacht. In diesem Sinne sind warme Getränke und energiereiche Lebensmittel von großer Wichtigkeit.

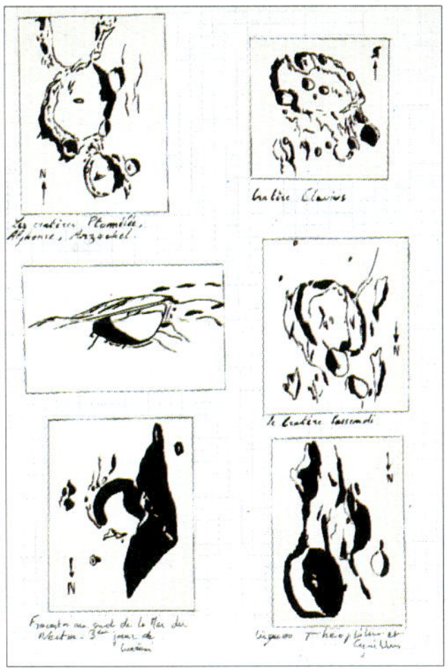

Die Anfertigung von Notizen oder Skizzen zu Ihren Beobachtungen kann schnell zu einer spannenden Übung werden (hier sind Zeichnungen von Monddetails aus dem Heft des Autors zu sehen).

## Die richtige Beleuchtung

Das Auge braucht etwa eine halbe Stunde, um sich an die Dunkelheit zu gewöhnen. Durch jede plötzlich aufkommende und intensive Lichtquelle verliert es augenblicklich seine Nachtsichtempfindlichkeit. Sie müssen sich dann mehrere Minuten gedulden, bis Sie wieder gut beobachten können. Es sollten also einige Vorkehrungen getroffen werden. Schalten Sie zunächst am Ort der Beobachtung möglichst viele Lichtquellen aus.

Wenn Sie im späteren Verlauf der Nacht im Handbuch nachschlagen oder die Sternkarte hinzuziehen möchten, sollten Sie eine Lampe mit Rotfilter benutzen, deren sanftes Licht die Sternbeobachtung nicht stören wird. Eine solche Lampe erhält man im Elektrofachgeschäft. Sie können sich auch selbst eine ähnlich wirkende Lampe basteln, indem Sie die Glühbirne oder das Glas einer einfachen Taschenlampe mit zwei oder drei Schichten roten Nagellacks bestreichen oder rote Folie am Glas fixieren.

## Die Planung der Nacht

Sie sollten unbedingt anhand des Handbuchs und einer Sternkarte eine Liste der Sternbilder aufstellen, die Sie in der Nacht zu sehen bekommen werden. Es ist ratsam, tagsüber die Uhrzeiten zu notieren, zu denen die Sternbilder erscheinen werden, die Sie beobachten möchten. Nach Einbruch der Dunkelheit wird alles schwieriger. Suchen Sie auf der Sternkarte das Sternbild, das im Osten zum Zeitpunkt Ihrer Sitzung aufgehen wird, sowie das Sternbild, das sich gerade im Zenit befindet, und dasjenige, welches gleich untergehen wird. Schreiben Sie die vorgeschlagenen Aufsuchlinien auf, machen Sie sich mit den Formen der Sternbilder vertraut, und merken Sie sich die besonderen Objekte.

Gehen Sie bei Ihrer Beobachtung logisch vor. Sie haben die ganze Nacht Zeit, um im Norden die Zirkumpolarsterne zu erkunden, da diese nicht untergehen. Sternbilder, die zu Beginn Ihrer Sitzung im Osten aufgehen, werden leichter zu beobachten sein, wenn sie höher am Himmel stehen. Im Süden sind die Sternbilder nur kurze Zeit sichtbar, im Westen gehen sie gerade unter. Eine Beobachtung sollten Sie also in folgender Reihenfolge planen: Westen, Süden, Norden, Osten.

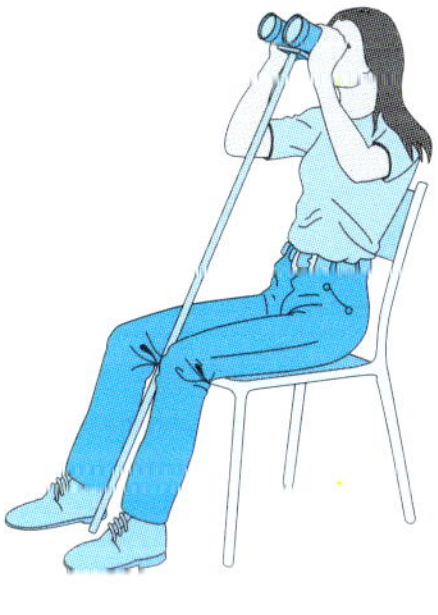

Dieses einfüßige Gestell für einen Feldstecher kann bei längeren Beobachtungen des Nachthimmels hilfreich sein, vor allem, wenn es sich um ein leistungsfähiges Instrument handelt.

Denken Sie auch daran, daß Juninächte sehr kurz sind, Sie also erst spät beginnen können. Bereiten Sie deshalb alles vor, was Sie benötigen werden. Vergessen Sie schließlich nicht, daß der Mond, ein Komet, Planeten oder Sternschnuppen ebenfalls zu sehen und interessante Beobachtungsobjekte sein können. Verschiedene Veröffentlichungen informieren Sie über die aktuellen astronomischen Ereignisse (siehe Lesetips Seite 64).

# Sternbilder erkennen

# In der Nähe des Polarsterns

**Beobachtung: ganzjährig.**
Die den Himmelsnordpol umgebenden Sternbilder Großer Bär, Kleiner Bär und Drache gehören – im hier angesprochenen Teil der Nordhalbkugel (zwischen 40° und 55° N) – mit ihren hellsten Sternen zu den zirkumpolaren Sternbildern. Es sind Sternbilder, die weder in der Nacht noch im Laufe der Jahreszeiten untergehen. Sie sind zu jedem beliebigen Zeitpunkt des Jahres zu beobachten.

## Geschichten und Sagen

Der **Große Bär** (*Ursa Major*, Abk.: UMa) ist zweifelsohne das älteste bekannte Sternbild. Die Indianer Nordamerikas sahen in seinen hellsten Sternen eine Bärin (das Viereck), die von drei Jägern (den drei Sternen des Schwanzes) verfolgt wird. Für die Griechen war es die Nymphe Helike und für die Babylonier ein Wagen, der im Laufe der Jahreszeiten am Himmel kreist. Die Römer sahen in den sieben Hauptsternen sieben Ochsen (*septem triones*, daher die Bezeichnung »Septemtrio« für Norden oder Nordwind). Die lateinische Bezeichnung *Ursa Major* setzte sich letztendlich durch. Mythologisch geht sie auf eine griechische Sage zurück. Kallisto, Tochter von Lykaon, dem König von Arkadien, wurde von Zeus verführt und schenkte ihm einen Sohn, Arkas. Aus Eifersucht verwandelte Zeus' Gemahlin Hera Kallisto in eine Bärin. Nachdem Arkas seine Mutter bei einer Jagd versehentlich fast getötet hätte, verwandelte Zeus ihn ebenfalls in einen Bären, und stellte ihn mit seiner Mutter an den Himmel, um beide zu schützen. Hera überredete sodann Poseidon, den Gott des Meeres dazu, den beiden Bären niemals das Baden zu erlauben. Deshalb wandeln sie unermüdlich Tag und Nacht oberhalb des Horizonts.

Wegen seiner Nähe zum Himmelsnordpol trug der Polarstern lange Zeit zur Orientierung der Seefahrer bei. Die Phönizier entdeckten als erste seine Unbeweg-

## Den **Großen Bären (UMa)** und den **Kleinen Bären (UMi)** erkennen

Diese beiden Sternbilder, die am Himmel unzertrennlich sind, haben jeweils die Form einer Stielkasserolle, jedoch mit verschiedener Orientierung. Der Große Bär (*Ursa Major*, Abk.: UMa) ist mit seinen sieben sehr hellen Sternen ein auffälliges Sternbild und beliebtes Beobachtungsobjekt für Anfänger.

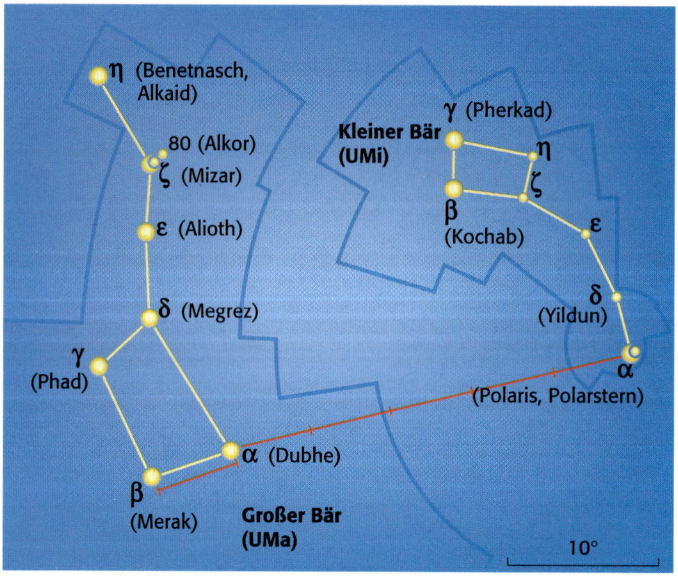


Ebenfalls sehr populär, wenn auch wesentlich kleiner, ist der Kleine Bär (*Ursa Minor*, Abk.: UMi). Er ist jedoch schwieriger zu beobachten, da seine Sterne eine geringere Helligkeit haben.

- In Richtung Norden (orientieren Sie sich mit dem Kompaß) bilden vier helle Sterne das Viereck des Großen Bären. Drei nahezu abstandsgleiche Sterne (darunter der Doppelstern Mizar-Alkor, *siehe Info-Kasten*) ergeben seinen Schwanz.
- Verlängert man die Entfernung zwischen den Sternen β UMa und α UMa um das Fünffache in nördliche Richtung, so findet man α UMi oder Polaris, besser bekannt unter dem Namen Polarstern, der das Ende des Schwanzes des Kleinen Bären darstellt. In dessen Verlängerung vervollständigen vier Sterne den Kleinen Bären.

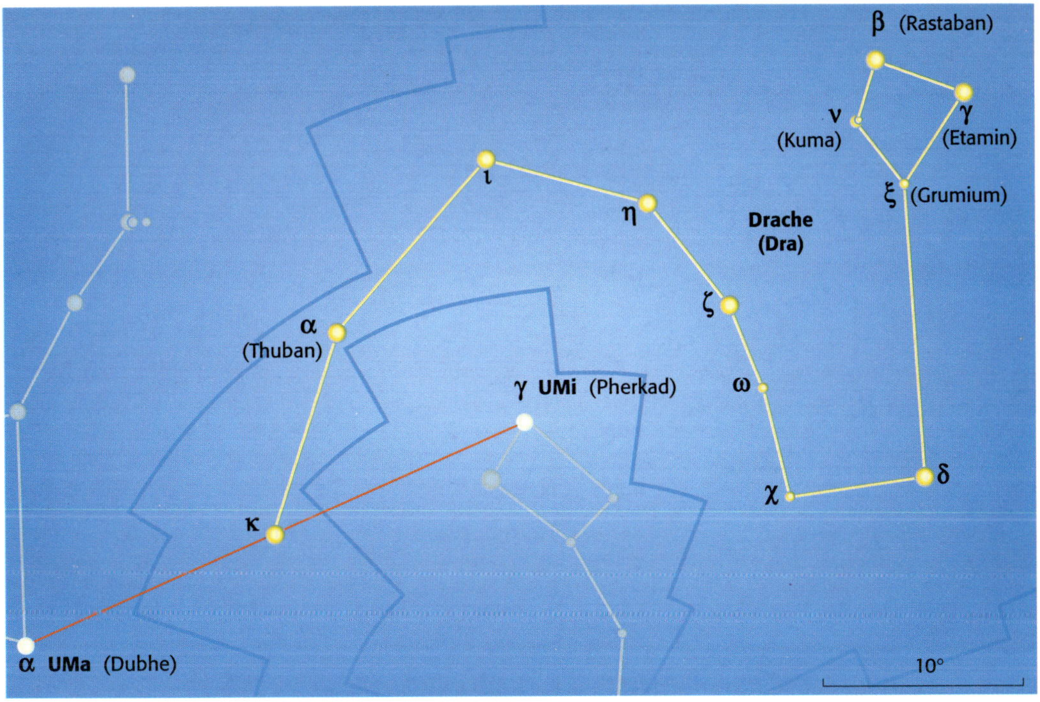


lichkeit am Himmelsgewölbe. Dieser Stern wurde zu einem wertvollen Orientierungspunkt bei ihren nächtlichen Reisen durch das Mittelmeer. Später wurde der **Kleine Bär** (*Ursa Minor*, Abk.: UMi) von den Griechen dank Thales von Milet »wiederentdeckt« (um 600 v. Chr.) und *Kynosura*, »Schwanz des Hundes«, genannt.

Vom ausgedehnten Sternbild **Drache** (*Draco*, Abk.: Dra) erzählen uns die antiken Mythen, daß dieses Fabelwesen der Göttin Athene im Kampf der Titanen gegen die Götter des Olymps gegenüberstand. Athene schleuderte das Ungeheuer mit solcher Gewalt an den Himmel, daß es daran festsaß.

## Zoom auf den Doppelstern Mizar-Alkor im Großen Bären

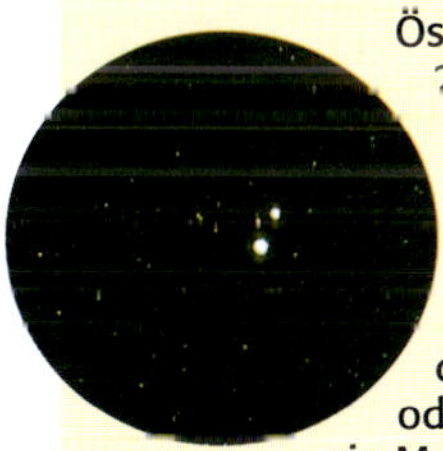

Östlich von Mizar (ζ UMa), der eine Helligkeit von $2{,}4^m$ aufweist, befindet sich ein weiterer, weniger heller Stern namens Alkor (80 UMa) mit einer Helligkeit von $4^m$. Die Projektion läßt diese beiden Sterne dicht beieinander erscheinen, so daß sie einen sogenannten »optischen Doppelstern« bilden. Bei immer stärkerer Vergrößerung entdeckt man, daß jeder Stern wiederum aus zwei oder mehr Sternen besteht, die ihrerseits tatsächlich ein Mehrfachsystem mit einem gemeinsamen Gravitationszentrum bilden.

**Zwei Sterne bei guter Sehkraft.** **Fünf Sterne.** **Etwa zehn Sterne.**

## Den Drachen (Dra) erkennen

Das ausgedehnte Sternbild Drache (*Draco*, Abk.: Dra) bedeckt einen beträchtlichen Teil der Himmelssphäre. Es präsentiert sich als eine zackige Linie (der Körper), die sich zwischen den Sternbildern Kleiner Bär und Großer Bär hindurchschlängelt. An ihrem einen Ende bildet eine Raute aus vier Sternen den Kopf. Der Drache besteht aus mehr oder minder hellen Sternen und ist problemlos zu erkennen.

- Auf halbem Weg zwischen α UMa und γ UMi findet man mit dem Stern κ Dra den Schwanz des Drachenkörpers. Dieser zieht einen halben Kreis um den Kopf des Kleinen Bären. Nach zwei rechten Winkeln gelangt man zum Kopf des Drachens.

# Weitere zirkumpolare Sternbilder

Beobachtung: ganzjährig.
Genau auf der anderen Seite des Polarsterns vom Großen Bären aus gesehen liegt Kassiopeia, im Herzen der Milchstraße. Mit seiner W-Form ist dieses Sternbild am Himmel besonders auffällig. Die Gruppe aus Kassiopeia, Giraffe und Kepheus ist ganzjährig zu sehen. Diese Sternbilder erreichen ihren höchsten Stand im Herbst in der Mitte der Nacht.

## Kassiopeia (Cas) und die Giraffe (Cam) erkennen

Das recht kleine Sternbild Kassiopeia (*Cassiopeia*, Abk.: Cas) ist leicht zu erkennen. Es befindet sich im Herzen der Milchstraße und hebt sich deutlich vor dem milchig schimmernden Hintergrund ab. Die recht hellen Sterne in der Form eines großen »W« stehen im Herbst fast im Zenit bzw. erscheinen im Frühling am Rande des Horizonts. Die Giraffe (*Camelopardalis*, Abk.: Cam) besteht aus weniger hellen Sternen und ist für den Anfänger schwieriger zu erkennen.

- Verdoppelt man die Strecke δ UMa – α UMi, findet man β Cas, das Ende des »W« von Kassiopeia. α Cas oder Schedir ist ein schöner, orange-gelber Stern. Der Name stammt aus dem Arabischen. *Sadr* bedeutet »Brust« (hier Kassiopeias).
- Um die unscheinbare Giraffe zu entdecken, stellt man sich am besten ein gleichseitiges Dreieck vor, dessen eine Seite durch die Strecke β Cas – α UMi gegeben ist und bei dem β Cam die dieser Seite gegenüberliegende Ecke bildet. β Cam, der wesentlich schwächer ist als Polaris oder β Cas, ist gerade noch mit bloßem Auge sichtbar. Das Sternbild wird von drei weiteren Sternen vervollständigt, die eine Spitze ausbilden.

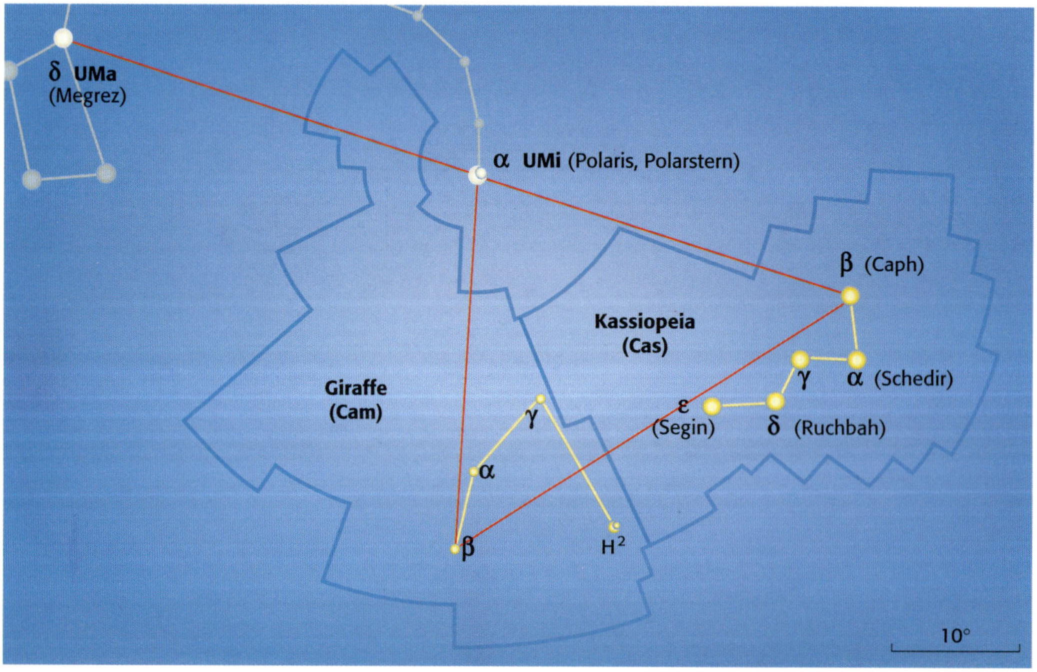

## Geschichten und Sagen

**Kassiopeia** (*Cassiopeia*, Abk.: Cas) und **Kepheus** (*Cepheus*, Abk.: Cep) sind Gestalten aus derselben Sage wie Perseus, Andromeda, Pegasus und der Walfisch. Dies erklärt ihre Nachbarschaft am Himmelsgewölbe.

Aus der Mythologie erfahren wir, daß Kassiopeia, Kepheus' Gemahlin, hochmütig behauptete, schöner zu sein als die Nereiden, die Meernymphen. Poseidon beschloß, sie für ihre Eitelkeit zu bestrafen und die Nymphen zu rächen. Er sandte ein Meeresungeheuer (den Walfisch), das Andromeda, die Tochter der Kassiopeia, verschlingen sollte. Andromeda wurde von Perseus mit seinem geflügelten Pferd Pegasus gerettet (benachbarte Sternbilder am Himmelsgewölbe). Alle Beteiligten wurden an den Himmel gesetzt und sind in den antiken Darstellungen der Sternbilder zu sehen. Kassiopeia kreist – die Hälfte der Zeit kopfüber – um den Himmelsnordpol. Etwas entfernt wird der Walfisch mit weit geöffnetem Maul dargestellt, wie er sich anschickt, Andromeda zu verschlingen.

Das Sternbild **Giraffe** (*Camelopardalis*, Abk.: Cam) erscheint erstmalig in dem 1624 gezeichneten *Himmelsatlas* von Jakob Bartsch, dem Schwiegersohn des deutschen Astronomen Johannes Kepler. Zu jener Zeit wurden in dieser Himmelsregion noch weitere Sternbilder erfunden, die sich jedoch nicht alle durchsetzten. Die Giraffe blieb, weil sie einen beträchtlichen Teil des Himmels bedeckt. Ihr Kopf befindet sich nah am Pol, ihre Beine reichen bis zu Perseus.

### Zoom auf den veränderlichen Stern μ Cephei im Kepheus

Der Veränderliche μ Cephei, der sich unterhalb der Strecke ζ Cep – α Cep befindet, ist ein tiefroter Stern am Himmel der Nordhemisphäre. Der berühmte englische Astronom William Herschel gab ihm den Namen »Granatstern«. Seine Helligkeit schwankt innerhalb einer etwa dreijährigen Periode zwischen $3{,}6^m$ und $5{,}1^m$. Die granatrote Farbe sticht besonders hervor, wenn man die unmittelbare Umgebung des Sterns beobachtet: Während die Nachbarsterne (z. B. ζ Cep) weiß funkeln, fällt μ Cep wegen seiner wunderschönen rubinroten Farbe auf.

## Kepheus (Cep) erkennen

Kepheus (*Cepheus*, Abk.: Cep) ist ein mittelgroßes Sternbild aus hellen Sternen und befindet sich ebenso in der Nähe der Milchstraße. Es kreist vor Kassiopeia um den Pol und hat die Form eines kleinen Hauses mit spitzem Dach.

• Kepheus entdeckt man leicht, wenn man zwei Drittel der Strecke γ Cas – δ Dra abmißt, um den Stern β Cep zu finden. Die Sterne α, ζ und ι bilden die restlichen »Wände«, der Stern γ das »Dach« des Hauses. Unter dem Haus befindet sich der veränderliche Stern μ Cephei *(siehe Info-Kasten)*

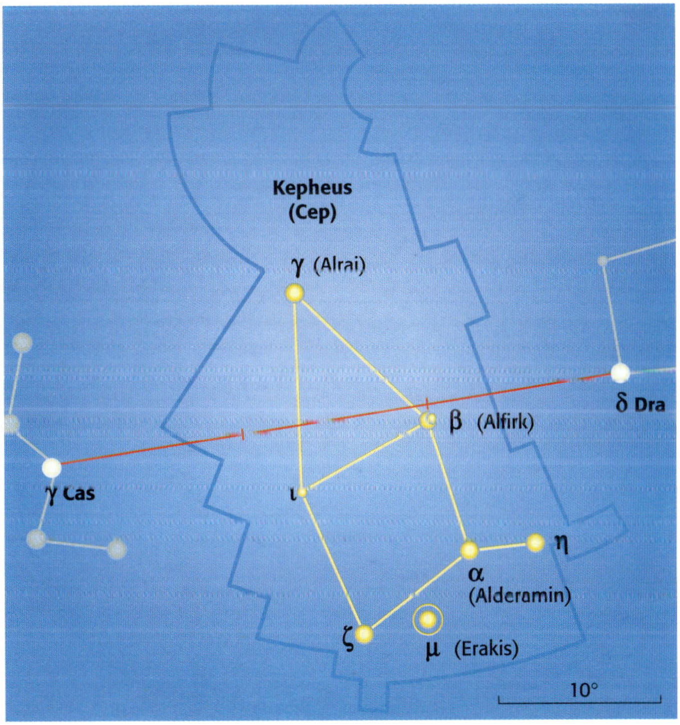

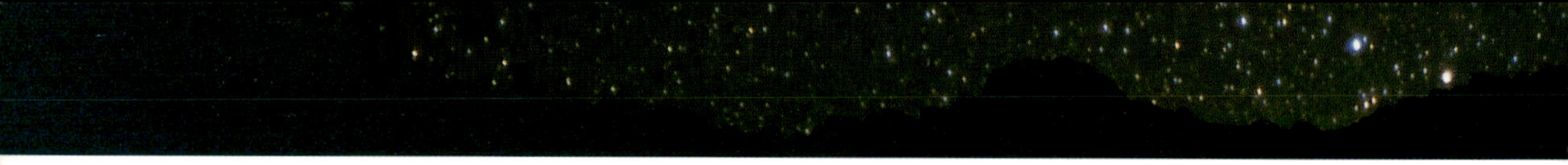

# Das Sommerdreieck

Beobachtung: im Sommer.
Mitte Juli, gegen Mitternacht, wenn die Milchstraße ihre Spur von Norden nach Süden zieht und der Große Bär westlich des Polarsterns gut zu beobachten ist, erstrahlen drei helle Sterne am Himmel: Deneb im Schwan, Wega in der Leier und Atair im Adler. Sie bilden das große »Sommerdreieck«, das das kleine Sternbild Pfeil umschließt und an das winzige Sternbild Delphin angrenzt.

## Geschichten und Sagen

Die **Leier** (*Lyra*, Abk.: Lyr) ist ein kleines Sternbild am westlichen Rand der Milchstraße. Sein Hauptstern ist Wega. Es stellt die Leier des mythischen Sängers Orpheus

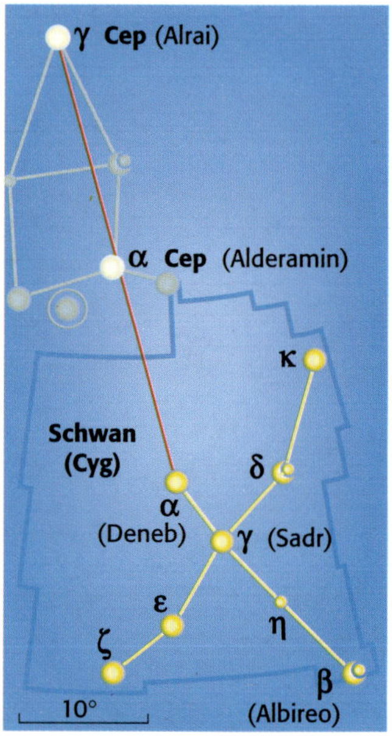


## Den Schwan (Cyg) erkennen

Das Sternbild Schwan (*Cygnus*, Abk.: Cyg) erstreckt sich recht weit über das Himmelsgewölbe. Es hat die Form eines Vogels mit ausgebreiteten Flügeln.
• Stellen Sie sich eine Linie zwischen der Dachspitze von Kepheus, γ Cep, und α Cep vor. Die Verlängerung davon endet in α Cyg (Deneb). Der Körper besteht aus den Sternen α, γ, η und β, die Sterne ζ, ε, δ und κ bilden die Flügel, die sich zu beiden Seiten davon rechtwinklig erstrecken. β Cyg (Albireo), der Kopf des Schwans, ist zweifelsohne der schönste Doppelstern unseres Nordhimmels. Er besteht aus einem goldgelben Hauptstern und einem blaugrünen Begleiter.

## Die Leier (Lyr) und den Adler (Aql) erkennen

Das kleine Sternbild Leier (*Lyra*, Abk.: Lyr) am Rand der Milchstraße ist dank seiner auffälligen Rautenform und seines Hauptsterns Wega leicht zu erkennen. Wega ist der hellste Stern am Sommerhimmel (Größenklasse 0). Auf der anderen Seite der Milchstraße befindet sich der Adler (*Aquila*, Abk.: Aql), ein sehr schönes, kreuzförmiges Sternbild. Es enthält Atair, einen hellen Stern, der von zwei schwächeren Sternen eingerahmt wird.
• Anhand des »Sommerdreiecks« aus Deneb, Wega und Atair sind beide Sternbilder leicht zu finden. α Lyr (Wega) und α Cyg (Deneb) bilden die kleinste Seite des Dreiecks. Südlich von Wega vervollständigt eine schmale Raute aus den Sternen ζ, δ, γ und β die Leier.
• Weiter südlich in der Milchstraße befindet sich α Aql (Atair), der die Spitze des großen Sommerdreiecks bildet. Beidseitig von Atair bilden zwei Sterne, Alshain und Tarazed, den »Kopf« des Adlers. Sie haben eine Helligkeit von $3{,}9^m$ bzw. $2{,}8^m$. Die Strecke α Aql – δ Aql – λ Aql stellt den Körper des Raubvogels dar, während ϑ – η – δ und δ – ζ die beiderseits davon ausgestreckten Flügel bilden.

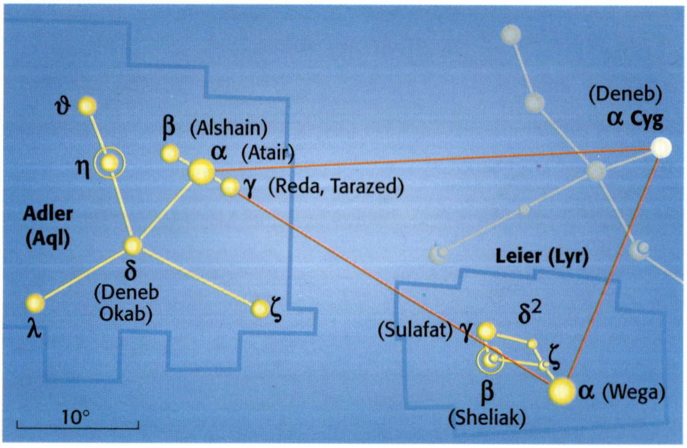

dar. Im alten China verbanden die Astronomen Wega mit einer Weberin, die durch einen unüberquerbaren Fluß (die Milchstraße) von ihrem Verlobten, einem durch den Stern Atair symbolisierten Hirten, getrennt war.

Atair gehört zum Sternbild **Adler** (*Aquila*, Abk.: Aql). Es ist ein kleines Sternbild unterhalb des Schwans.

Das Sternbild **Schwan** (*Cygnus*, Abk.: Cyg), das manchmal als »Kreuz des Nordens« bezeichnet wird, ist ein majestätisches, kreuzförmiges Sternbild. In der Sage heißt es, daß Zeus sich in einen Schwan verwandelte, um Leda zu verführen. Aus ihrer Liebesbeziehung entstanden Helena, Castor und Pollux. Die Etymologie des Namens Deneb sagt uns, daß die arabischen Astronomen des Mittelalters in dieser Region des Himmels ein Huhn sahen. *Danab ad dajaja* bedeutet nämlich auf arabisch »Schwanz des Huhns«. Erst in der Zeit der Renaissance konnte sich die lateinische Version (ein Schwan) dieses Sternbildes behaupten. In seinem berühmten Atlas, der eine religiöse Darstellung der Sternbilder enthielt, versuchte der deutsche Kartograph J. Schiller im 17. Jahrhundert vergebens, an dieser Stelle die Bezeichnungen »Kreuz« und »Heilige Helena« durchzusetzen.

Das sehr kleine Sternbild **Delphin** (*Delphinus*, Abk.: Del) wurde von Seefahrern eingeführt. Mehrere Sagen sind damit verbunden. Eine davon, die der römische Dichter Hyginus (1. Jahrhundert n. Chr.) in seiner *Astronomie* überliefert, besagt, daß »der Delphin den Leierspieler Arion vom Ionischen Meer bis nach Lesbos brachte«.

Das Sternbild **Pfeil** (*Sagitta*, Abk.: Sge) stellt einen der Pfeile dar, die Herkules abschoß, um Prometheus vor dem Adler des Zeus zu retten.

## Den **Pfeil (Sge)** und den **Delphin (Del)** erkennen

Man braucht sehr gute Augen, um diese beiden Sternbilder, die zu den kleinsten am Himmelsgewölbe gehören, mit ihren schwachen Sternen zu sehen. Der Pfeil (*Sagitta*, Abk.: Sge) ist am besten von einem Berg aus in einer klaren, mondlosen Nacht zu beobachten. Der Delphin (*Delphinus*, Abk.: Del) hat die Form einer Raute mit einer Verlängerung aus zwei Sternen nach Westen.

- Nach etwa zwei Dritteln der Strecke α Cyg – α Aql gelangt man zu η Sge, der die Spitze des Sternbildes mit der markanten Form bildet.
- Die Strecke γ Sge – α Aql ist die Seite eines gleichschenkligen Dreiecks, dessen gegenüberliegende Spitze in ε Del liegt, dem Schwanz des Tieres. Oberhalb dieses Sterns bildet die kleine Raute aus den Sternen β, α, γ und δ den Körper. Dieses Sternbild kann man mit dem Feldstecher sehr gut beobachten.

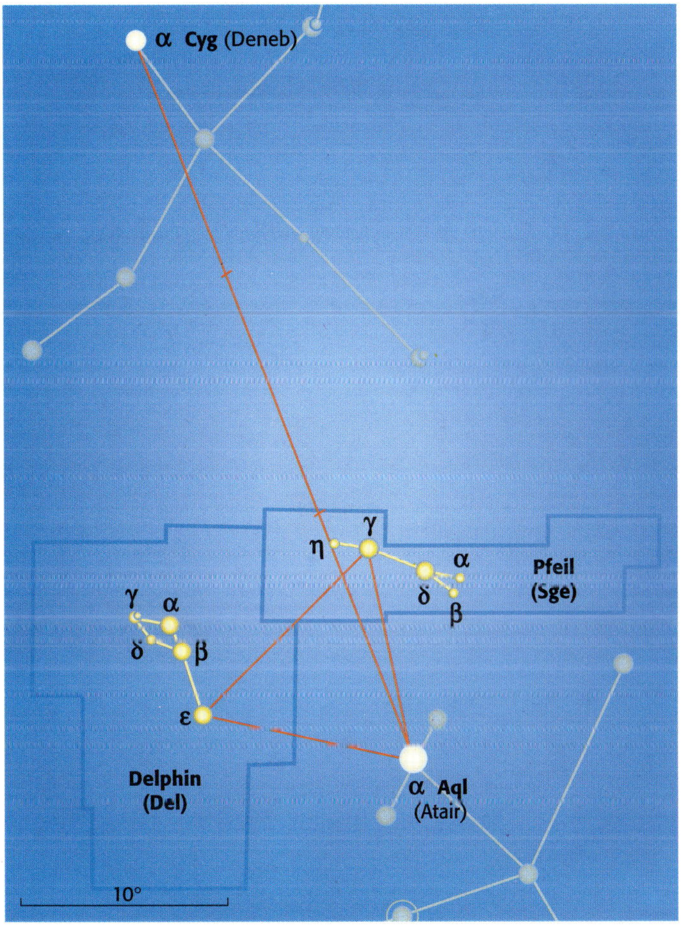

# Die Umgebung des Schützen

Beobachtung: im Sommer.

Die Tierkreissternbilder Schütze und Steinbock sind in unseren Breiten nur gerade über dem Südhorizont sichtbar. Außerdem erschwert die Kürze der Sommernächte ihre Beobachtung. Die Sternbilder um den Schützen (Steinbock, Schlangenträger, Schild) sind im Juni in der zweiten Nachthälfte, im Juli und August um Mitternacht herum zu sehen. In Südeuropa hat man hierbei bessere Beobachtungsbedingungen.

## Geschichten und Sagen

Der **Schlangenträger** (*Ophiuchus*, Abk.: Oph) ist ein großes Sternbild, das sich zu beiden Seiten des Himmelsäquators ausdehnt und mit dem Sternbild Schlange eng verknüpft ist. Diese Figur wurde wahrscheinlich nachträglich von den Ägyptern hinzugefügt.

Das kleine Sternbild **Schild** (*Scutum*, Abk.: Sct) hat eine viel kürzere Geschichte. Es wurde im Jahr 1683 von Johannes Höwelcke zu Ehren des polnischen Königs Jan Sobieski III. Sobieski-Schild genannt.

Die Darstellung des Sternbildes **Steinbock** (*Capricornus*, Abk.: Cap) als ein Zwittertier mit dem Kopf einer Ziege und dem Schwanz eines Fisches wird auf die Babylonier zurückgeführt. Für sie zeigte der Steinbock die Wintersonnenwende an. Die Dichter stellten sich vor, daß sich das Tier vor Kälte zusammenrollte, den Schwanz um sich selbst geschlungen. In der Sage steht auch, daß

## Den Schlangenträger (Oph) und das Schild (Sct) erkennen

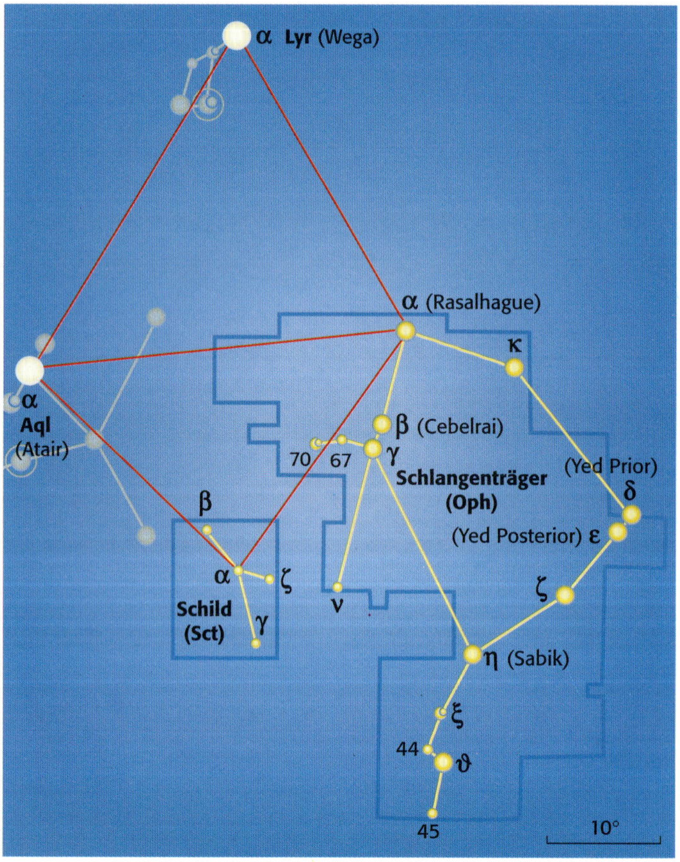


Der Schlangenträger (*Ophiuchus*, Abk.: Oph) besteht aus einigermaßen hellen Sternen, die in etwa kochtopfförmig angeordnet sind. Insgesamt ist das Sternbild schwer zu erkennen, da es sehr ausgedehnt ist. Das Schild (*Scutum*, Abk.: Sct) ist, obwohl es viel kleiner ist, erheblich leichter zu entdecken.

- Um den Schlangenträger zu finden, orientiert man sich an α Lyr (Wega) und α Aql (Atair). Der Körper des Schlangenträgers, der aus etwa zehn Sternen besteht, erinnert in seiner Form an Kepheus mit einem zusätzlichen Bogen aus vier Sternen.
- Um das Schild zu finden, kehrt man das Dreieck aus Wega, Atair und α Oph um. Die Spitze dieses neuen Dreiecks bildet der schwache Stern α Sct, eingebettet in eine der sternreichsten Regionen der Milchstraße, im Zentrum des pfeilförmigen Sternbildes.

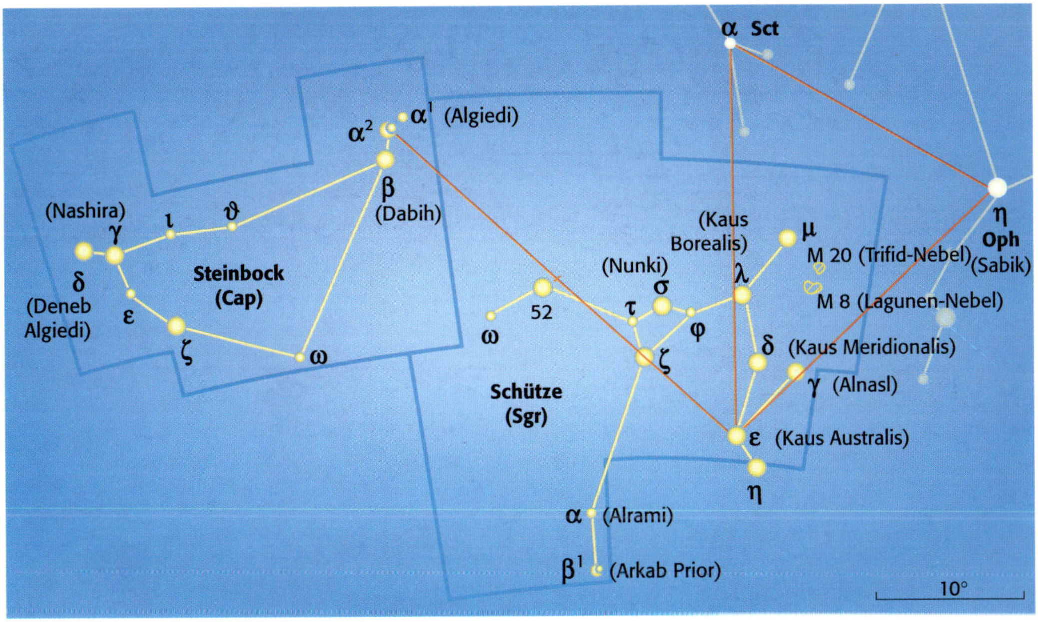


die Sonne nach der Sonnenwende ihren aufsteigenden Lauf am Himmel wieder aufnahm. Somit war dieses Bild mit demjenigen des Ziegenbocks verknüpft, der gern bergauf klettert.

Das ausgedehnte Sternbild **Schütze** (*Sagittarius*, Abk.: Sgr) wurde im 6. Jahrhundert vor unserer Zeitrechnung eingeführt. Es trägt seinen Namen wegen der zwei Reihen von Sternen, die Bogen und Pfeil eines Schützen darzustellen scheinen.

## Den **Schützen (Sgr)** und den **Steinbock (Cap)** erkennen

Obwohl er aus hellen Sternen besteht, ist der Schütze (*Sagittarius*, Abk.: Sgr) schwer zu finden. Er befindet sich nämlich in der sternreichsten Region der Milchstraße, inmitten eines wahren Gewimmels von Gestirnen. Man sollte nicht versuchen, dieses Sternbild mit dem Fernglas zu beobachten. Das bloße Auge eignet sich viel besser, wobei Geduld unerläßlich ist.

Der Steinbock (*Capricornus*, Abk.: Cap) ist leichter auszumachen, obwohl seine Sterne weniger hell sind, da sich dieses dreieckige, recht große Sternbild nicht in der Milchstraße befindet.

- Den Schützen findet man, indem man sich ein Dreieck vorstellt: Die der Strecke α Sct – η Oph gegenüberliegende Ecke ist ε Sgr, am einen Ende dieses Sternbildes. Das Sternbild ist recht komplex und enthält zahlreiche Sterne. In der Nähe sind zwei wunderschöne Nebel zu beobachten: M 8 und M 20 (*siehe Info-Kasten*).
- Verdoppelt man die Strecke ε Sgr – 52 Sgr, entdeckt man einen ziemlich hellen Doppelstern. Er bildet eine der Spitzen des ein wenig dreieckförmigen Steinbocks.

### Zoom auf die Nebel M 8 und M 20 im Schützen

Beobachten Sie in der Region des Schützen die Gegend um λ Sgr. Sie werden zwei Nebelwolken sehen, die groß und hell genug sind, daß man sie mit dem bloßen Auge oder mit einem einfachen Instrument entdecken kann. Es handelt sich um M 8 (den Lagunen-Nebel) und M 20 (den Trifid-Nebel), zwei Gasnebel, die von nahen oder dahinterstehenden Sternen angestrahlt werden.

**M 8 als heller Schimmer.** **Der Sternhaufen in M 8, der aschgraue Schimmer von M 20.** **Die Nebelstruktur von M 8, der Doppelstern in M 20.**

# Das Pegasus-Quadrat

Beobachtung: im Herbst.
Allmählich geht das große Sommerdreieck in Richtung Westen unter. Der Große Bär erstreckt sich am Nordhorizont und erscheint riesig. Kassiopeia thront in der Nähe des Zenits und Andromeda steigt am Himmelsgewölbe auf. Der herannahende Herbst ist die beste Jahreszeit, um das Pegasus-Quadrat und sein Gefolge aus den Sternbildern Andromeda, Wassermann und Eidechse zu beobachten.

## Geschichten und Sagen

**Pegasus** (*Pegasus*, Abk.: Peg) ist ein sehr ausgedehntes Sternbild am Himmelsgewölbe. In der griechischen Sage wird erzählt, daß das geflügelte Pferd aus dem Blut der Gorgone Medusa entsprang, als Perseus dem Ungeheuer den Hals abschnitt. Dieses Sternbild, das zunächst die Bezeichnung *Equus*, »das Pferd«, erhielt, wurde erst später *Pegasus* genannt. Der arabische Name des Hauptsterns α Peg, Markab, bedeutet »Sattelzeug«. In den ikonographischen Darstellungen springt Pegasus über die Gewässer des Wassermanns.

In der Nähe büßt **Andromeda** (*Andromeda*, Abk.: And), die bezaubernde Tochter von Kepheus und Kassiopeia, für den sündhaften Hochmut ihrer Mutter (siehe Seiten 28–29 sowie Seite 38, Rettung durch Perseus). α And, auch Sirrah oder Alpheratz (»Kopf der

## Pegasus (Peg), Andromeda (And) und die Eidechse (Lac) erkennen

Das »Pegasus-Quadrat« (*Pegasus*, Abk.: Peg), das aus den Sternen α, β, γ Peg und α And (Sirrah) besteht, beherrscht den Herbsthimmel. Fügt man noch die Sterne β And (Mirach) und γ And (Alamak) des Sternbildes Andromeda (*Andromeda*, Abk.: And) hinzu, entsteht eine Figur,

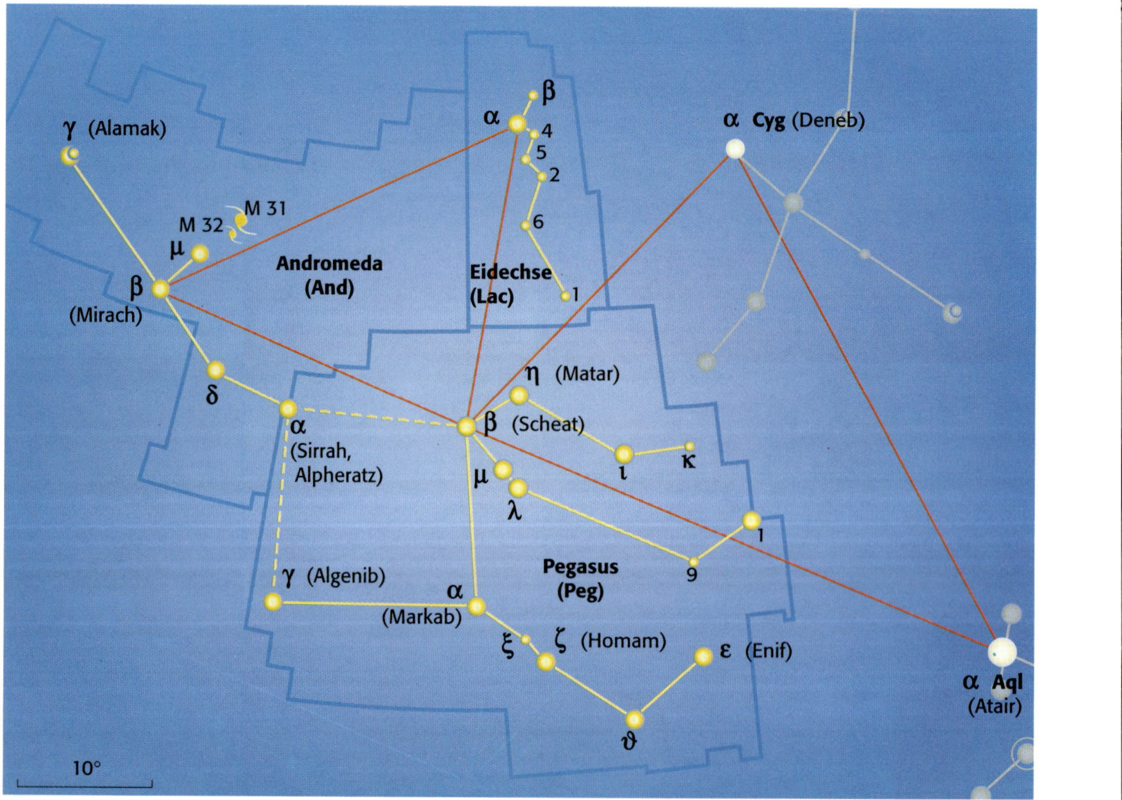

Frau«) genannt, befindet sich auf der Grenze zum Herbststernbild Pegasus.

Die Ägypter der Antike sahen in der Region des heutigen Wassermanns drei Krüge. Später wurden diese durch das Sternbild **Wassermann** (*Aquarius*, Abk.: Aqr) ersetzt, der zwei Wasserkrüge trägt. Das Sternbild geht wahrscheinlich auf die Babylonier zurück.

Die **Eidechse** (*Lacerta*, Abk.: Lac) besteht aus etwa zehn Sternen und wurde 1660 von Hevelius eingeführt. Er war der Meinung, man könne kein größeres Tier in dieser Gegend zeichnen …

die mit der Stielkasserolle des Großen Bären vergleichbar ist. Die schwachen Sterne des kleinen, zackigen Sternbildes Eidechse (*Lacerta*, Abk.: Lac) sind mit dem bloßen Auge manchmal kaum zu sehen.

- Um Pegasus zu erkennen, bildet man ein großes, gleichschenkliges Dreieck. Eine der gleichlangen Seiten ist die Strecke α Cyg – α Aql. Ihr gegenüber findet man einen Roten Riesen, β Peg, der die obere rechte Ecke des Pegasus-Quadrats bildet. Das Sternbild enthält außerdem drei Zweige auf seiner rechten Seite (von der Strecke β Peg – α Peg abzweigend).
- Andromeda findet man ausgehend von der oberen linken Ecke des Pegasus-Quadrats, die schon zum Sternbild Andromeda zählt (α And).
- β And und β Peg bilden mit α Lac ein fast gleichseitiges Dreieck, das allerdings trotz der Helligkeit jenes hellsten Sterns der Eidechse schwer zu finden ist. Um diese Sterngruppe zu entdecken, bedarf es einer klaren, mondlosen Nacht.

## Den Wassermann (Aqr) erkennen

Der Wassermann (*Aquarius*, Abk.: Aqr), der sich unterhalb des Pegasus-Quadrats befindet, ist das elfte Tierkreissternbild und erstreckt sich über eine riesige Region des Himmels. Es nimmt die Form einer Kasserolle mit abgeknicktem Griff ein. Dieses Sternbild ist stets schwer zu erkennen, da es ausschließlich schwächere Sterne enthält.

- Verdoppelt man die Strecke 1 Peg – ε Peg nach Süden, findet man α Aqr, einen Riesenstern in etwa 1 000 Lichtjahren Entfernung, der 6 000mal mehr Licht abgibt als die Sonne.

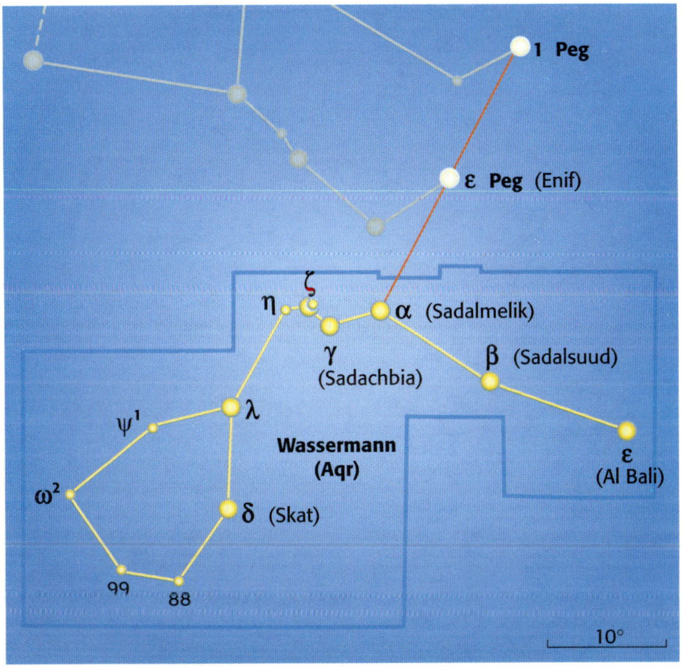


### Zoom auf die Andromeda-Galaxie in der Andromeda

Die mit bloßem Auge sichtbare Andromeda-Galaxie M 31 ist schon lange bekannt. Sie ist 2,2 Millionen Lichtjahre weit weg und damit das entfernteste Objekt, das noch mit bloßem Auge beobachtbar ist. Die scheinbare Länge beträgt mehr als das Dreifache der Mondbreite (ohne dessen Helligkeit zu haben!). Mit einem einfachen Feldstecher erkennt man die längliche Form der Galaxie. Der sehr helle Kern ist von einem weiträumigen, kreisförmigen Halo umgeben. Um M 32, eine kleine Galaxie, die um M 31 kreist, beobachten zu können, brauchen Sie ein kleines Teleskop.

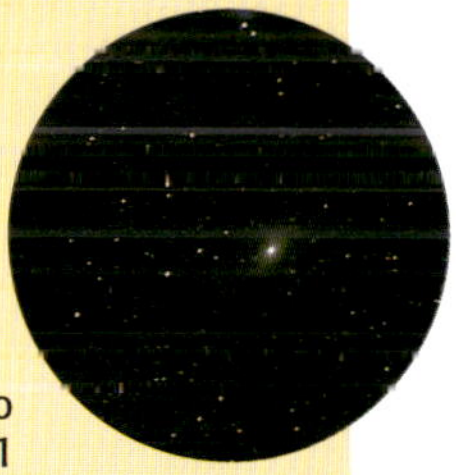

**Ein länglicher Nebel.** **Kern und Halo der Galaxie.**

**M 31 und M 32 sind einzeln sichtbar.**

# Die Umgebung des Widders

Beobachtung: im Herbst.
Im Herbst steht Kassiopeia fast senkrecht über unseren Köpfen, und der Große Bär scheint unter dem Nordhorizont verschwinden zu wollen. Die Nächte werden länger und die Sternbilder, die während der schönen Jahreszeit sichtbar waren, gehen im Westen unter und machen allmählich Platz für die Wintersternbilder. Um den Widder herum kann man das Dreieck, die Fische und den Walfisch fast die ganze Nacht über von September bis November beobachten.

## Geschichten und Sagen

Das **Dreieck** (*Triangulum*, Abk.: Tri) ist eine Erfindung der Mathematiker aus Alexandrien, die in diesem kleinen Sternbild das Nildelta versinnbildlicht sahen. Im 17. Jahrhundert führte der polnische Astronom Hevelius ein zweites Dreieck in der Nähe ein, doch wird dieses von den heutigen Sternkarten nicht mehr berücksichtigt.

Trotz seiner ebenfalls bescheidenen Größe ist der **Widder** (*Aries*, Abk.: Ari) eines der Tierkreissternbilder mit der anekdotenreichsten Geschichte. Die Alten, die dieses Sternbild erfanden, sahen in den drei hellen Sternen die Hörner eines Widders. Die ersten Astronomen des Altertums stellten fest, daß der Widder, der sich damals am Schnittpunkt der Ekliptik mit dem Himmelsäquator befand, die Frühlings-Tagundnachtgleiche markierte. In der traditionellen Ikonographie wird der Widder immer mit dem Blick nach Osten, in Richtung der scheinbaren Bewegung der Sonne dargestellt.

In der griechischen Mythologie stellen die **Fische** (*Pisces*, Abk.: Psc) die Verwandlung von Aphrodite und Eros dar. Zeus gab ihnen diese Form, um sie vor dem Ungeheuer Typhon zu retten, das sie am Ufer des Euphrats angegriffen hatte. In den Sternkarten werden sie durch einen Knoten verbunden dargestellt: dem Stern α Psc (Alrisha).

Der **Walfisch** (*Cetus*, Abk.: Cet) stellt in der Mythologie das Ungeheuer dar, das von Poseidon gesandt wurde, um Andromeda zu verschlingen (siehe Seiten 28–29). Der unter den Spezialisten berühmte Stern o Ceti *(siehe Info-Kasten)* war der erste Stern, bei dem eine periodische Veränderlichkeit der Helligkeit nachgewiesen wurde. Dieses Phänomen wurde 1596 von Fabricius, einem lutheranischen Pastor, entdeckt. Im 17. Jahrhundert wurde dieser Stern von Hevelius Mira, »die Wunderbare«, genannt.

## Das **Dreieck (Tri)** und den **Widder (Ari)** erkennen

Das Dreieck (*Triangulum*, Abk.: Tri) ist ein unscheinbares, kleines Sternbild mit einer deutlichen Form. Südlich davon erkennt man den Widder (*Aries*, Abk.: Ari) leicht an der gebrochenen Linie, die er bildet, und an der relativ großen Helligkeit seiner Sterne.

- Den Stern β Tri findet man über α And und β And, mit denen er ein gleichschenkliges Dreieck bildet. Die zwei weiteren Sterne des Sternbildes sind recht leicht erkennbar.
- Den Widder, südlich vom Dreieck, erkennt man anhand des rechtwinkligen Dreiecks, das die Sterne β And – γ And – β Ari bilden. Drei weitere Sterne von unterschiedlicher Helligkeit bilden die leicht gebogene Linie dieses Sternbildes.

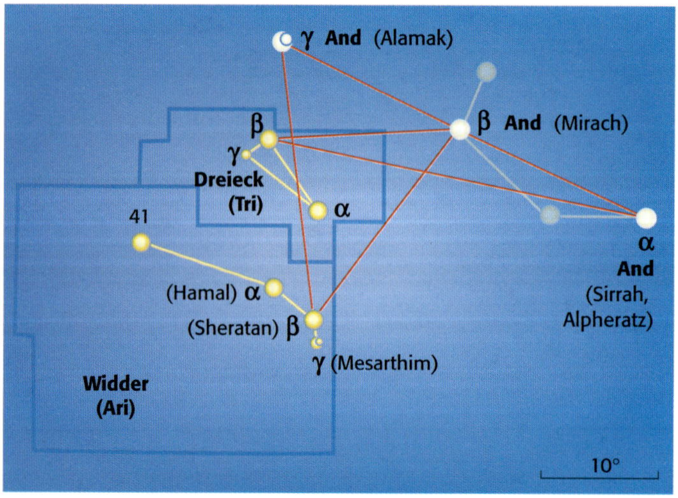

## Die **Fische (Psc)** und den **Walfisch (Cet)** erkennen

Die Fische (*Pisces*, Abk.: Psc) dehnen sich recht weit zwischen Pegasus und dem Walfisch aus. Das zwölfte Tierkreissternbild besteht aus schwachen Sternen, ist jedoch an dem Ring aus Sternen an einem seiner Enden recht leicht erkennbar. Alrisha ist der zweithellste Stern in den Fischen. Der Name stammt aus dem Arabischen und bedeutet zu deutsch »Schnur«. Der riesige Walfisch (*Cetus*, Abk.: Cet), der aus Sternen mittlerer Helligkeit besteht, ist das größte Sternbild am Herbsthimmel. Er zeigt – wie das Sternbild Fische – einen gut sichtbaren Ring aus Sternen.

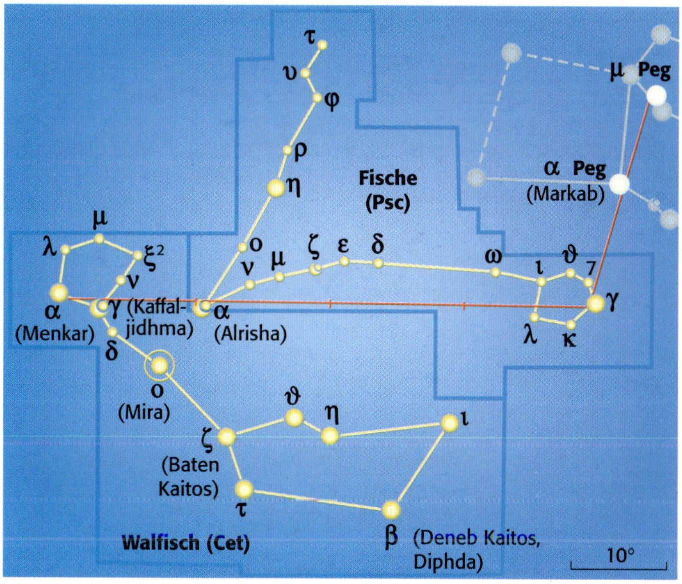


• Wenn man die Strecke μ Peg – α Peg verdoppelt, dann findet man γ Psc, den hellsten Stern des Rings. Von hier aus zeichnet das Sternbild eine abgewinkelte Linie aus zwei Abschnitten, die in α Psc aufeinander treffen.

• Verlängert man die Strecke γ Psc – α Psc hinter α Psc um ein Drittel, findet man α Cet, der den Kopf des Walfischs darstellt. Eine fast gerade Linie, die durch den veränderlichen Stern ο Ceti (Mira) *(siehe Info-Kasten)* geht, führt zu der Sternanordnung hin, die den großen Körper des Tieres bildet.

### Zoom auf den veränderlichen Stern Mira im Walfisch

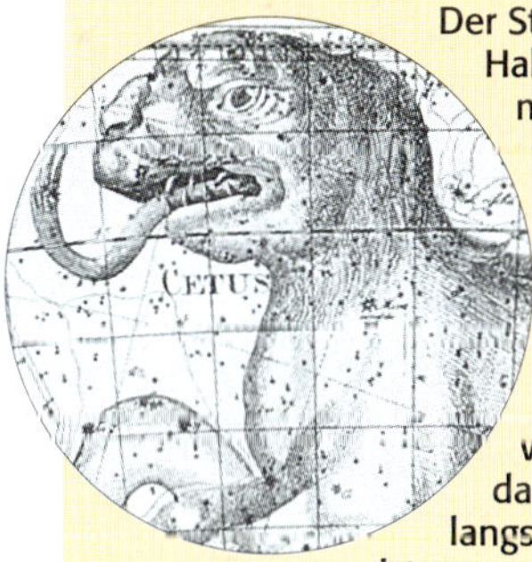

Der Stern ο Cet oder Mira, »die Wunderbare«, im Hals des Walfischs, ist der Prototyp einer Familie von Veränderlichen, den sogenannten Mira-Sternen. Diese roten Sterne erleben zeitliche Helligkeitsschwankungen mit einer maximalen Amplitude von elf Größenklassen und Perioden zwischen 80 und 1 000 Tagen. Mit etwas Glück entdecken Sie diesen schönen Stern zum Zeitpunkt seiner maximalen Leuchtkraft, wenn er die Größenklasse 2 erreicht. Er ist dann gut mit bloßem Auge sichtbar, bevor er langsam bis zur Größenklasse 10 verblaßt. Dann ist er sogar mit dem Feldstecher unsichtbar. Seine Periode beträgt etwa 332 Tage. Auf dieser Abbildung aus einem alten Sternatlas sieht man Mira im Hals des Walfischs.

# Die Region um Perseus

Beobachtung: im Winter.

Perseus, der Stier und der Fuhrmann sind drei der schönsten Sternbilder am Winterhimmel. Im November und Dezember steht Perseus in der Mitte der Nacht hoch am Himmel, südöstlich davon folgt der Fuhrmann in der Milchstraße und schließlich südlich davon der Stier. Die drei Sternbilder bestehen aus farbigen, sehr hellen Sternen und enthalten zahlreiche besondere Objekte, die zum Teil bereits mit dem bloßen Auge sichtbar sind.

## Geschichten und Sagen

Die Sagen von **Perseus** (*Perseus*, Abk.: Per), Kassiopeia und Andromeda sind eng miteinander verknüpft (siehe Seiten 28–29 bzw. Seiten 34–35). Perseus rettete Andromeda vor dem schrecklichen Meeresungeheuer (dem Walfisch), dem sie geopfert werden sollte. Algol (β Per) zeigt Helligkeitsschwankungen. Im Maximum ist er etwa $2^m$, im Minimum rund $3{,}5^m$ hell, bei einer Periode von fast drei Tagen. Der arabische Name Algol (*ras al gul*) geht auf diese Helligkeitsschwankung zurück und bedeutet »Dämonenkopf«. In diesem »blinkenden« Stern sahen die alten arabischen Sternbeobachter eine bösartige, übernatürliche Kraft ...

Der **Fuhrmann** (*Auriga*, Abk.: Aur) ist das Ergebnis der Überlagerung zweier Sternbilder. Man stellt dieses Sternbild heute in Form eines Fuhrmanns ohne Fuhrwerk in Begleitung einer Ziege und zweier Zicklein dar. In der Sage heißt es, daß die Ziege Amaltheia zum Dank dafür, daß sie Zeus ernährte, von ihm mit ihrem Nachwuchs an den Himmel versetzt wurde.

Man findet Hinweise auf das Tierkreissternbild **Stier** (*Taurus*, Abk.: Tau) in der babylonischen Zivilisation (häufige Darstellungen des Tieres als Skulptur), in der griechischen (in der Sage von Zeus, der sich in einen Stier verwandelte, um Europa zu entführen) und in der ägyptischen (als Verkörperung des Gottes Apis). Aldebaran, der Hauptstern im Stier, ist ein schöner, rötlicher Stern (orangefarbener Riese). Dieser Name arabischen Ursprungs (*ad dabaram*) bedeutet »der Nachfolgende« (er folgt den Plejaden, einem offenen Sternhaufen, dem er scheinbar nahesteht).

## Perseus (Per) erkennen

Das mittelgroße Sternbild Perseus (*Perseus*, Abk.: Per) liegt in der Milchstraße und besteht aus hellen Sternen, die das Auffinden erleichtern. Zwischen Perseus und Kassiopeia kann man mit bloßem Auge den berühmten Doppelsternhaufen h/χ-Persei (NGC 869 und NGC 884) erkennen. Mit dem Feldstecher lassen sich diese verschwommenen, kreisförmigen Sterngruppen noch genauer beobachten.

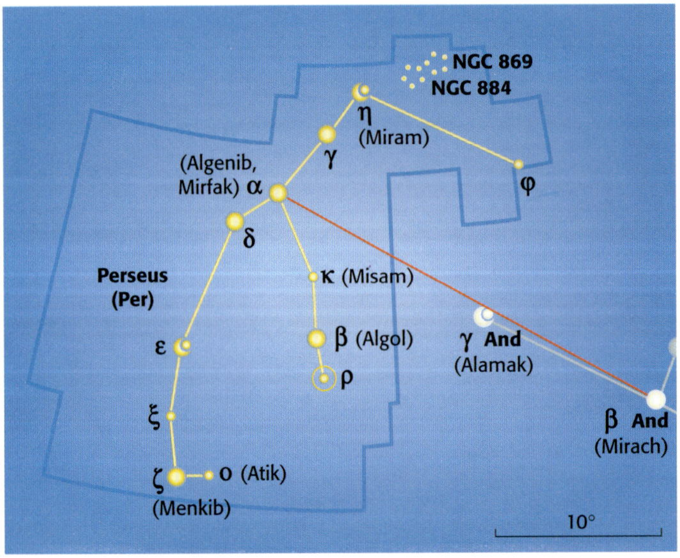


• Perseus findet man, indem man die Strecke β And – γ And etwas mehr als verdoppelt. Der recht helle Stern α Per, auf den man dann stößt, befindet sich am Schnittpunkt der drei Arme des Sternbildes.

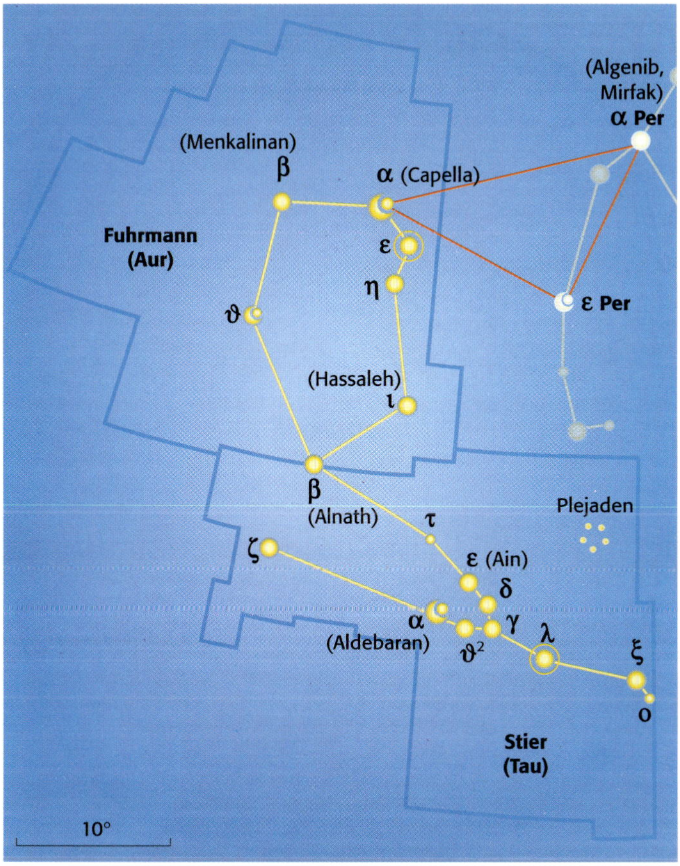


## Den **Fuhrmann (Aur)** und den **Stier (Tau)** erkennen

In unmittelbarer Nähe zu Perseus läßt sich das ausgedehnte Fünfeck des Fuhrmanns (*Auriga*, Abk.: Aur) sehr leicht finden. Das Sternbild setzt sich aus hellen und sehr hellen Sternen zusammen. Der Stier (*Taurus*, Abk.: Tau) ist ein großes, y-förmiges Sternbild aus hellen Sternen. Neben dem schönen Stern Aldebaran enthält es den offenen Sternhaufen der Plejaden *(siehe Info-Kasten)*.

- Mit der Strecke α Per – ε Per als Schenkel eines gleichschenkligen Dreiecks kann man leicht den sehr hellen Stern α Aur (Capella) finden. Von α Aur aus zeichnet man sodann das Fünfeck des Sternbildes.
- Der Stern β Tau (Alnath) schließt das Fünfeck des Fuhrmanns und bildet das eine obere Ende des »y«.

### Zoom auf den offenen Sternhaufen der Plejaden im Stier

Obwohl man dies nicht gleich auf den ersten Blick wahrnimmt, gehört der Sternhaufen der Plejaden zu den Schmuckstücken der Nordhemisphäre. Es handelt sich um einen jungen, etwa 50 Millionen Jahre alten Haufen aus bläulichen Sternen. Auf langbelichteten Fotoaufnahmen treten blauschimmernde Nebel auf. Diesen Sternhaufen kannte man bereits in der frühen Antike. Man kann bis zu sechs Sterne mit dem bloßem Auge erkennen. Mit dem Feldstecher bietet sich ein Anblick von seltener Schönheit, der sogar interessanter ist als der mit dem Teleskop, da hier die Vergrößerung zu stark und das Beobachtungsfeld hingegen zu klein wird.

**Sechs sichtbare Sterne.** **Etwa 30 sichtbare Sterne.**

**Über 100 Sterne können hier gezählt werden.**

# Die Region um Orion

Beobachtung: im Winter.

Wenn die Tage kürzer werden, steigt Capella im Fuhrmann immer höher am Himmel und erreicht im Dezember gegen Mitternacht ihren höchsten Stand. Der Winterhimmel strahlt, und Sie können das Schmuckstück der klaren Januarnächte, Orion, und sein Gefolge aus den Sternbildern Großer Hund, Hase, Eridanus und Chemischer Ofen hervorragend beobachten.

## Geschichten und Sagen

**Orion** (*Orion*, Abk.: Ori) ist eine bei allen Völkern der Antike berühmte Himmelsfigur. Bei den Babyloniern stellte er den treusorgenden Hirten des Himmels, den Hüter der Sterne, dar. Die Ägypter hielten ihn für den Gott Osiris. Die griechische, später auch die römische Mythologie zeichnete am Himmel das klassische Bild des riesigen, breitschultrigen Jägers. Der Stern α Ori wird auch Beteigeuze genannt. Diese Bezeichnung leitet sich aus dem Arabischen ab und bedeutet »Schulter des Riesen«. Orion, das einzige Sternbild, das zwei Überriesen enthält (Beteigeuze und Rigel), diente der Schiffahrt als Orientierungspunkt und nahm einen bedeutenden Platz in der Literatur der Antike ein: Der griechische Dichter Homer und die Römer Vergil, Plinius der Ältere und Horaz erwähnen ihn und stellen ihn als das Symbol des Sturms dar.

In der Ikonographie des Himmels wird der riesige Jäger immer in Begleitung seines Hundes (**Großer Hund**, *Canis Major*, Abk.: CMa) dargestellt, der den **Hasen** (*Lepus*, Abk.: Lep) verfolgt. Den Hasen erkennt man leicht an seiner länglichen Form und seinen gespitzten Ohren. Der Große Hund enthält Sirius, einen extrem hellen Stern, den kräftigsten am ganzen Nachthimmel. Sirius spielte eine entscheidende Rolle für die Landwirtschaft im alten

## Orion (Ori) und den Großen Hund (CMa) erkennen

Wenn man im Winter nach Süden blickt, kann man Orion (*Orion*, Abk.: Ori) sehen: In der Mitte des riesigen Vierecks präsentieren sich die drei »Gürtelsterne« auf einer perfekten Geraden. Der Große Hund (*Canis Major*, Abk.: CMa) ist ein kleines Sternbild am Südhorizont, das man in Mitteleuropa an seinem Stern Sirius noch leicht erkennen kann. Sirius ist mit einer Helligkeit von $-1{,}4^{m}$ der hellste Fixstern der ganzen Himmelssphäre.

- Der Astronomieanfänger findet Orion, indem er die Achse Plejaden – α Tau bis zum sehr hellen Sirius verlängert. Die Gürtelsterne befinden sich auf halber Strecke und bilden das Zentrum des Sternbildes, von dem aus der Rest leicht zu entdecken ist. Unterhalb des Gürtels befindet sich der berühmte Orion-Nebel, M 42 *(siehe Info-Kasten).*
- Der Große Hund ist wegen seines α-Sterns Sirius gut zu erkennen. Er befindet sich in der Verlängerung der Gürtelsterne von Orion. Der Rest des Sternbildes läßt sich aufgrund der hellen Sterne leicht finden.

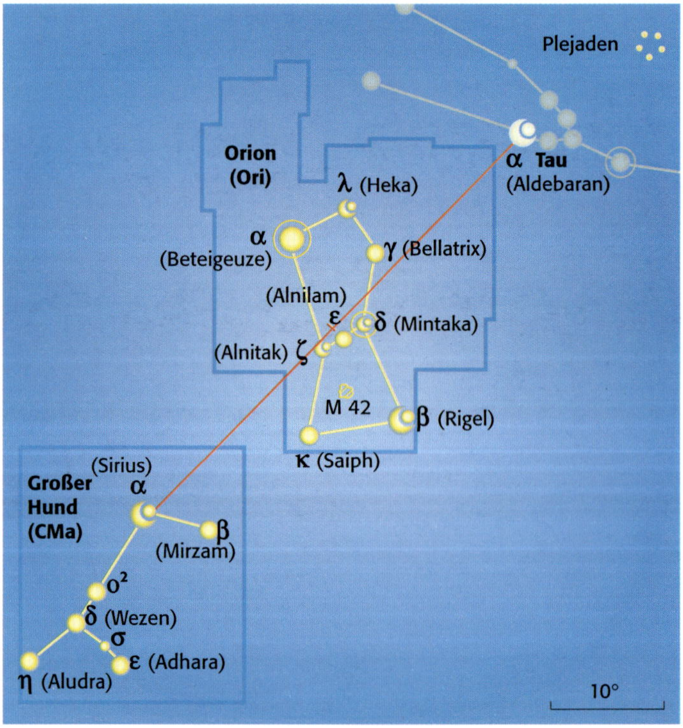

Ägypten: Er kündigte mit seinem Erscheinen die Zeiten an, zu denen der Nil Hochwasser führte. Im Rom der Antike ging der Große Hund und damit Sirius zur Zeit der größten Sommerhitze am Morgenhimmel auf, die man deshalb »Hundstage« nannte; das ist ein Ausdruck, der auch noch heute verwendet wird.

Eine sich schlängelnde Linie aus unterschiedlich hellen Sternen: Mehr brauchte man nicht, um an dieser Stelle den Fluß **Eridanus** (*Eridanus*, Abk.: Eri) zu sehen. Es ist die alte Bezeichnung für den Fluß Po in Italien, den der römische Dichter Hyginus in seiner *Astronomie* so beschreibt: »Eridanus entspringt aus dem linken Fuß von Orion, erreicht den Walfisch, kehrt zu den Beinen des Hasen zurück und nimmt Kurs auf den antarktischen Kreis.«

Das Sternbild **Chemischer Ofen** (*Fornax*, Abk.: For) wurde im 18. Jahrhundert von dem französischen Abt Nicolas-Louis de La Caille eingeführt. Es steht für ein in der Chemie benutztes Instrument.

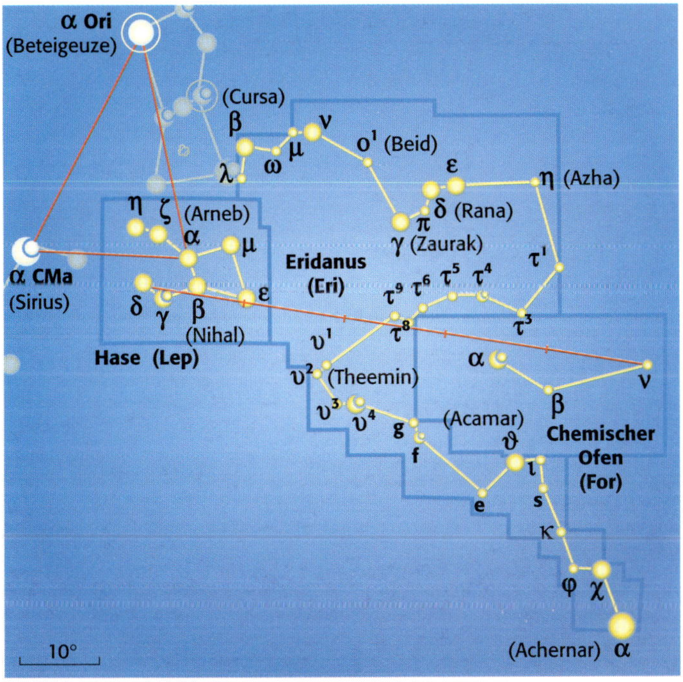


## Den **Hasen (Lep)**, **Eridanus (Eri)** und den **Chemischen Ofen (For)** erkennen

Unsere Reise durch die Sternbilder führt uns nunmehr unter den Himmelsäquator, Richtung Süden, immer näher an die Horizontlinie. Der Hase (*Lepus*, Abk.: Lep) ist leicht zu erkennen: Ein Viereck aus hellen Sternen bildet seinen Körper. Von dem ausgedehnten Sternbild Eridanus (*Eridanus*, Abk.: Eri) gelangt in unseren Breiten nur ein Teil über den Horizont. Der Chemische Ofen (*Fornax*, Abk.: For) präsentiert sich als ein kleines Dreieck, das von Deutschland aus kaum noch sichtbar ist.

- Den Hasen findet man leicht, da sein Hauptstern zusammen mit α CMa (Sirius) und α Ori (Beteigeuze) ein großes, gleichschenkliges Dreieck bildet. Der Rest des Sternbildes stellt den Körper des Tieres und seine zwei gespitzten Ohren dar.
- Verlängert man die Strecke δ Lep – ε Lep um das Fünffache, findet man ν For.
- Zwischen Hase und Chemischem Ofen schlängelt sich Eridanus hindurch, der abgesehen von β Eri in der Nähe von Orion – schwer zu beobachten ist.

### Zoom auf den Orion-Nebel

Der Orion-Nebel (M42), der sich unterhalb der Gürtelsterne befindet, ist ein Komplex aus diffusen Nebeln (von sehr heißen Sternen zum Leuchten angeregte Gaswolken) und Dunkelwolken (Staubwolken, die das Licht absorbieren). Wenn der Himmel klar ist, können Sie mit einem Teleskop ein zartes, grün-rosa schimmerndes Licht in diesem gigantischen Nebel feststellen. Auf Photos zeigt er eine kräftige rote Farbe, die auf riesige Mengen an Wasserstoff (90%) zurückzuführen ist. Der Orion-Nebel, wie auch die benachbarten Regionen, sind die Wiege entstehender Sterne, der Protosterne.

**Ein verschwommener Fleck.** **Eine Wolke.** **Details in den Nebeln.**

# Die Umgebung der Zwillinge

Beobachtung: im Winter.

Diese Region des Himmels führt uns wieder in Gebiete oberhalb des Himmelsäquators mit zwei Tierkreissternbildern, den Zwillingen und dem Krebs. Zusammen mit einem dritten Sternbild, dem Kleinen Hund, befinden sie sich ziemlich hoch an unserem Winterhimmel.

## Geschichten und Sagen

Die Sage, die mit dem Sternbild **Zwillinge** (*Gemini*, Abk.: Gem) verbunden ist, geht in die griechische Antike zurück. Es handelt sich um die Zwillinge, die aus der Verbindung von Zeus und Leda (siehe Seiten 30–31) geboren wurden: Castor und Pollux. Die zwei tapferen Krieger nahmen an der berühmten Fahrt der Argonauten teil, um das Goldene Vlies zu erobern, sowie an dem Kampf zwischen Athen und Sparta. Man hielt sie aber auch für wohlwollende Gottheiten, da sie die Macht hatten, die Meere zu besänftigen. Die Menschen verbanden sie mit diesen beiden benachbarten, gleichhellen Sternen am Himmel.

Der **Krebs** (*Cancer*, Abk.: Cnc) verdankt seine Bekanntheit seiner Stellung im Tierkreis, denn die geringe Helligkeit seiner Sterne macht aus ihm nur ein unscheinbares Sternbild. In den zwei Jahrtausenden vor unserer Zeitrechnung wurde es zum Zeichen der Sommersonnenwende. Die Ägypter sahen in diesem Sternbild einen Skarabäus, der die Sonne schiebt. Die griechisch-römische Mythologie stellte sich einen Krebs vor, der Herakles (Herkules) während seines Kampfes gegen die Hydra in den Fuß zwickte. Herakles tötete das Tier, das von Hera an den Himmel versetzt wurde.

Über den Ursprung des Sternbildes **Kleiner Hund** (*Canis Minor*, Abk.: CMi) ist man sich nicht einig. Die griechischen Dichter sahen in ihm den Begleiter von Orion und dem Großen Hund; andere erkannten Moera, Ikarus' Hund, der aus Verzweiflung starb, nachdem sein Herr im Meer ertrank. Die arabischen Kartographen sahen ihrerseits in dieser Himmelsregion einen Baum.

## Die **Zwillinge (Gem)** erkennen

Das Sternbild Zwillinge (*Gemini*, Abk.: Gem) präsentiert sich als ausgedehntes Parallelogramm, das insbesondere die hellen Sterne Castor und Pollux enthält.

• Verlängert man etwa zweimal die Strecke ζ Ori – α Ori, so findet man den Stern μ Gem. Er ist Ausgangspunkt einer Linie, die in α Gem (Castor) endet. Dieser wunderschöne Stern mit einer Helligkeit von $1{,}6^m$ ist weiß und unterscheidet sich somit deutlich von Pollux (mit einer Helligkeit von $1{,}1^m$), der eine goldgelbe Farbe hat. In der Nähe des Sterns μ Gem befindet sich der offene Sternhaufen M 35 (*siehe Info-Kasten*).

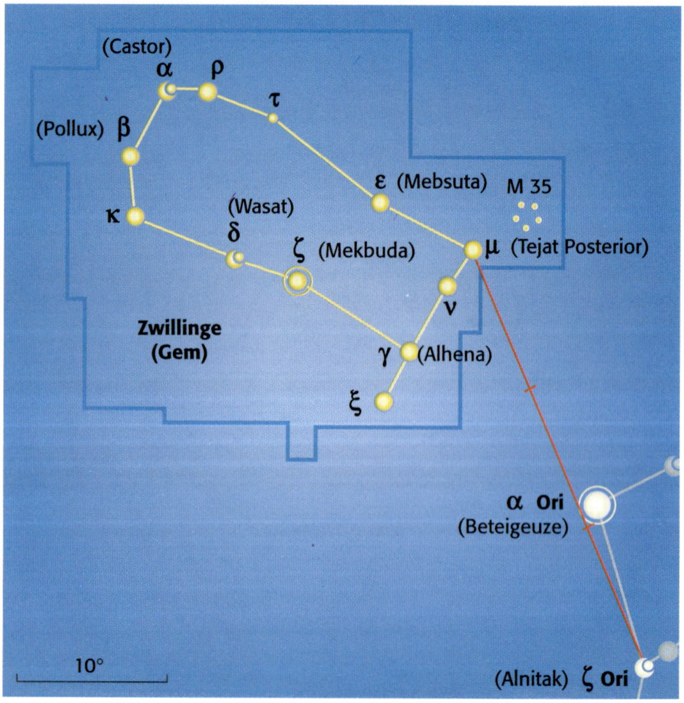

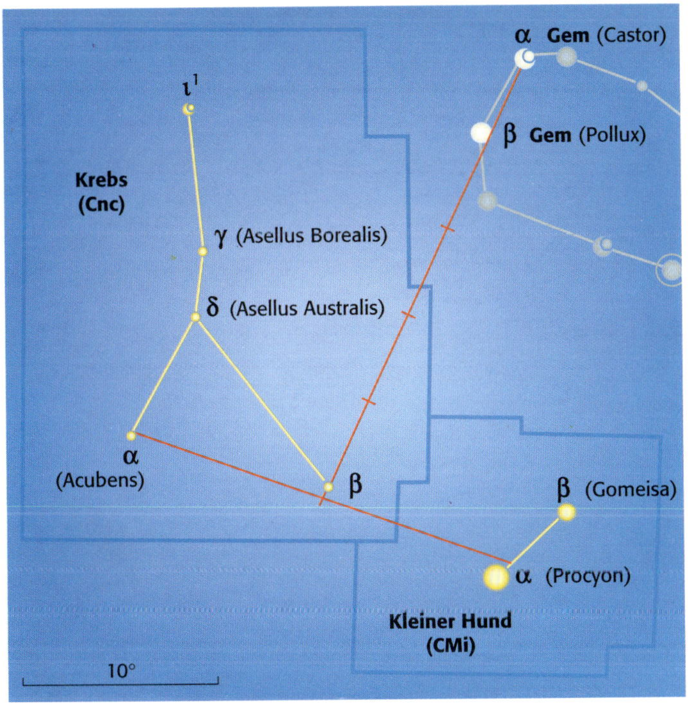


## Den **Krebs (Cnc)** und den **Kleinen Hund (CMi)** erkennen

Der Krebs (*Cancer*, Abk.: Cnc) ist das vierte Tierkreissternbild. Aufgrund seiner Nähe zu den Zwillingen ist er trotz seiner Unscheinbarkeit relativ leicht zu finden.

Der Kleine Hund (*Canis Minor*, Abk.: CMi) enthält zwei schöne, sehr helle Sterne und befindet sich südwestlich des Krebses. α CMi, auch Procyon genannt, ist ein wunderschöner, hellgrüner Stern. Der griechische Name *prokunos*, »Vorhund«, verweist darauf, daß dieser Stern vor Sirius im Großen Hund aufgeht.

- Den Krebs findet man, indem man die Strecke α Gem – β Gem um das Vierfache nach Südosten verlängert. Der kleine, schwache Stern β Cnc markiert einen der drei Arme des Sternbildes.
- Verdoppelt man die Strecke α Cnc – β Cnc, entdeckt man den sehr hellen Stern α CMi (Procyon), einen der zwei Sterne dieses Sternbildes.

### Zoom auf den offenen Sternhaufen M35 in den Zwillingen

Ein Feldstecher oder besser noch ein kleines Fernrohr ermöglicht es, eine wunderschöne Gruppe von Sternen zu beobachten: M35. Dieser offene Sternhaufen, der sich nordwestlich von μ Gem befindet, präsentiert sich in der Form eines kleinen kreisförmigen verschwommenen Flecks. Der französische Astronom Messier entdeckte und beschrieb ihn erstmalig 1764. Bemerkenswert ist sein großer scheinbarer Durchmesser, der demjenigen des Mondes gleich ist (30′).

**Ein Fleck (unter sehr guten Sichtbedingungen).**

**Einige Sterne lassen sich einzeln erkennen.**

**Die meisten Sterne werden einzeln sichtbar.**

# Die Region um das Einhorn

Beobachtung: im Winter.
Einhorn, Taube, Hinterdeck und Kompaß stehen für Beobachter aus Mitteleuropa gerade noch über dem Südhorizont. Von Südeuropa aus können sie unter weit besseren Bedingungen beobachtet werden.

## Geschichten und Sagen

Die Bezeichnungen zahlreicher Sternbilder, vor allem in der Südhemisphäre, sind modernen Ursprungs. Sie bestehen nämlich aus Sternen, die den Astronomen der Antike verborgen blieben. Das **Einhorn** (*Monoceros*, Abk.: Mon) steht offensichtlich mit keinem der antiken Mythen in Zusammenhang. Das Sternbild wurde erstmalig 1624 von dem deutschen Kartographen Bartsch in seinem *Himmelsatlas* beschrieben.

Das unscheinbare Sternbild **Taube** (*Columba*, Abk.: Col) scheint von portugiesischen Seefahrern im 16. Jahrhundert eingeführt worden zu sein. Der Vogel trägt in seinem Schnabel einen Zweig, der als Symbol des Friedens nach der Sintflut gilt. Die Taube steht in Bezug zum früheren Sternbild *Argo Navis*, dessen Bezeichnung auf das Schiff zurückzuführen ist, das von den Argonauten für die Eroberung des Goldenen Vlieses gebaut wurde. Auf den Sternkarten erscheint es als eine Art Allegorie der Arche Noah. Der große deutsche Astronom Bayer, der die Benutzung griechischer Buchstaben zur Bezeichnung der Sterne einführte, zeichnete 1603 die Taube in seinem berühmten Atlas *Uranometria*.

Das **Hinterdeck** (*Puppis*, Abk.: Pup) gehörte zum Sternbild *Argo Navis*, das später in Hinterdeck, Schiffskiel und Segel unterteilt wurde. Diese Sternbilder wurden erst relativ spät gebildet und zeugen von den Expeditionen nach Süden, denen sich im 18. Jahrhundert auch Wissenschaftler anschlossen. Der Abt Nicolas-Louis de La Caille beispielsweise hielt sich mehrere Jahre in Kapstadt auf, erstellte einen Katalog mit 10000 Sternen und zeichnete 14 neue Sternbilder am Südhimmel, denen er die Namen wissenschaftlicher Instrumente gab: Der **Kompaß** (Pyxis, Abk.: Pyx) gehört ebenso dazu wie der Zirkel, die Luftpumpe, das Mikroskop, das Fernrohr u.a. Er war auch derjenige, der *Argo Navis* in drei Teile teilte.

## Das **Einhorn (Mon)** erkennen

Das kleine Sternbild Einhorn (*Monoceros*, Abk.: Mon) ist nur von geringem Interesse, wenn man kein Fernrohr besitzt. Es enthält ausschließlich schwächere Sterne und setzt sich nur wenig vor dem Hintergrund der Milchstraße ab. Bei sehr klarem Himmel kann man versuchen, es zwischen Orion und dem Kleinen Hund, direkt auf dem Himmelsäquator, zu entdecken. Trotz seiner schwachen Sterne sollte man das Einhorn jedoch nicht verschmähen, denn weil es von der Milchstraße durchzogen wird, enthält es zahlreiche Sternhaufen, Nebel, veränderliche Sterne und Doppelsterne, die mit den meisten Hobby-Instrumenten bereits zu sehen sind. Sie werden Spaß an der Beobachtung dieser Himmelsregion haben, sobald

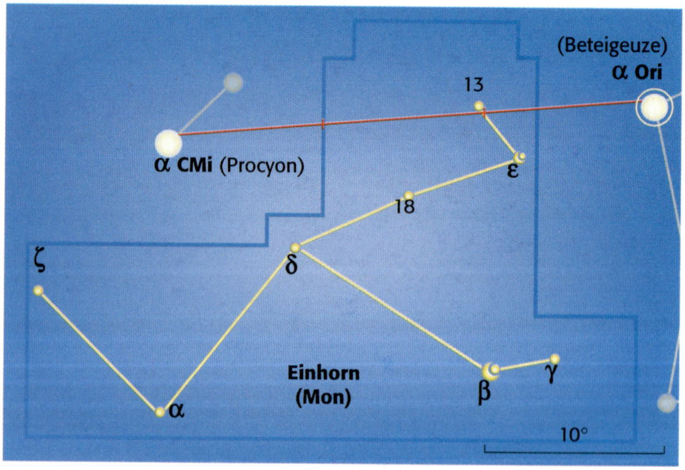


Sie über ein solches Instrument verfügen.

• Auf zwei Drittel der Strecke α Cmi – α Ori befindet sich der schwache Stern 13 Mon. Dieser Stern ist der Ausgangspunkt eines der drei Arme des Sternbildes, welche in δ Mon im Zentrum des Sternbildes zusammenlaufen.

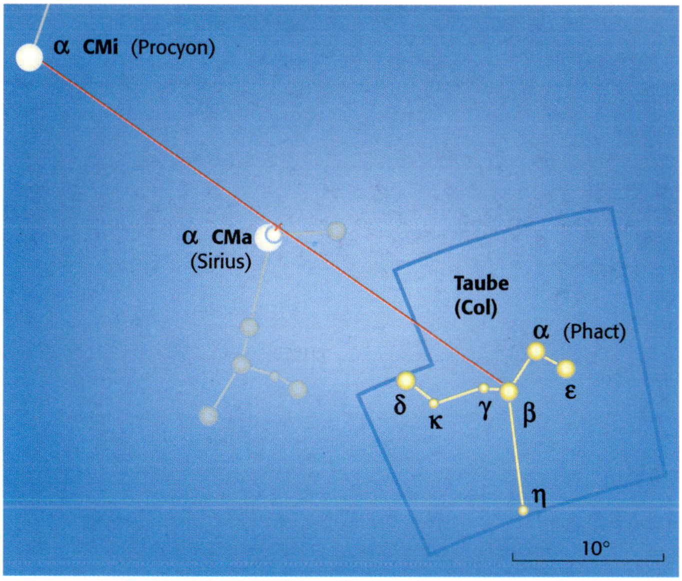


## Die Taube (Col) erkennen

Das kleine, kompakte Sternbild Taube (*Columba*, Abk.: Col) erreicht seinen höchsten Stand im Dezember gegen Mitternacht. Für die Länder Mitteleuropas ist es unter Orion kaum noch sichtbar. Besser zu beobachten ist es von Südeuropa aus oder von den Tropen.

• Die Taube findet man, wenn man die Strecke α CMi – α CMa verdoppelt. Man erreicht so β Col, einen der hellsten Sterne des Sternbildes und zugleich das Zentrum, von dem aus sich die drei Achsen des Tierkörpers erstrecken.

## Das Hinterdeck (Pup) und den Kompaß (Pyx) erkennen

Die Sternbilder Hinterdeck (*Puppis*, Abk.: Pup) und Kompaß (*Pyxis*, Abk.: Pyx) bestehen aus weitverteilten, schwachen Sternen, was das Auffinden schwierig macht. In unseren Breiten stehen sie sehr tief am Horizont (was sogar noch für den nördlichen Teil des Hinterdecks gilt).

• Verdoppelt man die Strecke α CMa – ε CMa, so findet man σ Pup im Zentrum des Hinterdecks. Eine Zickzacklinie auf der einen und ein kleines Dreieck auf der anderen Seite dieses Sterns vervollständigen das Sternbild.

• Hat man das Hinterdeck gefunden, kann man den Kompaß entdecken, indem man die Strecke σ Pup – ζ Pup verdoppelt. Der Stern β Pyx, den man dort findet, ist der Ausgangspunkt der kurzen geraden Linie, die das Sternbild formt.

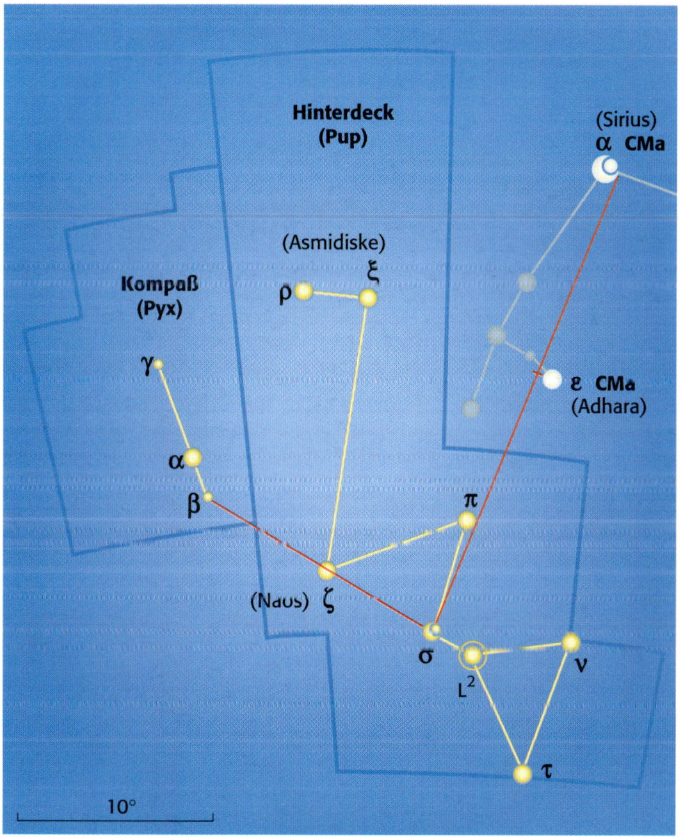

# Die Umgebung des Löwen

Beobachtung: im Frühling.
Nachdem das Sommerdreieck vollständig nach Norden gekippt ist, verschiebt sich die Milchstraße nach Westen, und der Große Bär steht fast im Zenit. Im Frühling kann man den Löwen sowie kleine benachbarte Sternbilder entdecken: Das sind der Kleine Löwe, der Luchs und das Haar der Berenike.

## Geschichten und Sagen

Als fünftes Tierkreissternbild erinnert der ausgedehnte **Löwe** (*Leo*, Abk.: Leo) an den mythischen, blutgierigen Nemeischen Löwen (entstanden aus der Vereinigung von Echidna, halb Frau, halb Schlange, mit dem Ungeheuer Typhon). Er wurde von Herakles (Herkules) erwürgt, was die erste seiner zwölf Taten war. Der Hauptstern dieses Sternbildes heißt Regulus, »Kleiner König«. Diese Bedeutung findet sich auch in den griechischen und babylonischen Bezeichnungen.

Der **Kleine Löwe** (*Leo Minor*, Abk.: LMi) ist ein unscheinbares Sternbild südlich des Großen Bären, zwischen dessen Hinterbeinen und dem Rücken des Löwen. Dieses Sternbild wurde 1660 von dem polnischen Astronomen Hevelius eingeführt. In diesem Sinne kann der Kleine Löwe als ein modernes Sternbild gelten, ohne Bezug zum Löwen. Dieser Himmelsbereich wurde zwar von den griechischen und römischen Sternbeobachtern nicht erwähnt, aber die arabischen Astronomen sahen dort eine Gazelle mit ihrem Nachwuchs.

Der **Luchs** (*Lynx*, Abk.: Lyn) ist ein ausgedehntes Sternbild, das ebenfalls von Hevelius um 1660

## Den Löwen (Leo) und den Kleinen Löwen (LMi) erkennen

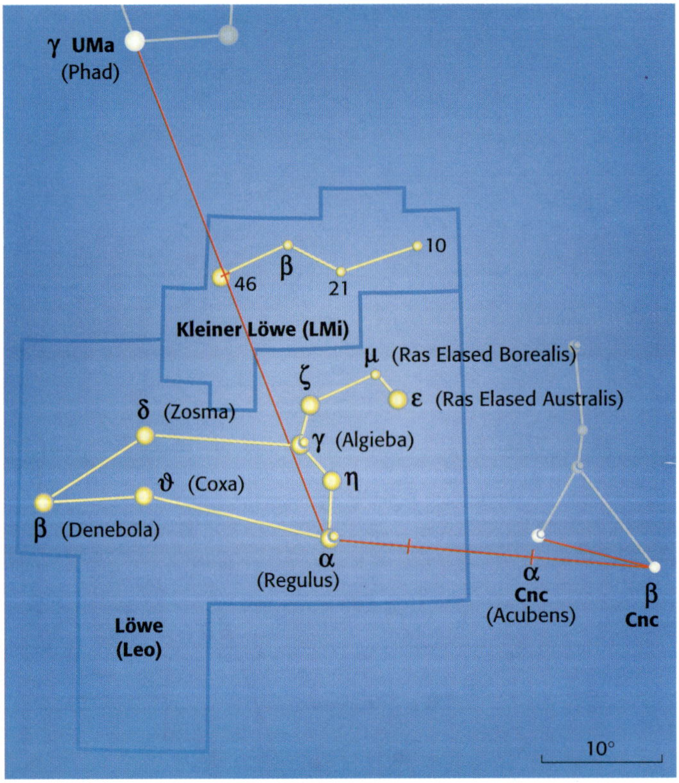


Das ausgedehnte Sternbild Löwe (*Leo*, Abk.: Leo) stellt eine Art Sichel dar. Der schöne Hauptstern Regulus wird wegen seiner Position auf der Brust des Tieres auch das »Herz des Löwen« genannt. Der Schwanz des Löwen wird von dem hellen Stern β Leo (Denebola) dargestellt. Diese Bezeichnung stammt aus dem Arabischen. Der Kleine Löwe (*Leo Minor*, Abk.: LMi) ist zwischen dem Löwen und dem Großen Bären leicht zu entdecken. Es ist mit dem Sternbild Segel das einzige Sternbild, das keinen α-Stern enthält.

- Regulus im Löwen findet man, indem man die Strecke β Cnc – α Cnc (etwas südlich von α Cnc) um das Anderthalbfache verlängert. Mit Hilfe der nebenstehenden Abbildung kann man leicht auf den Rest des Sternbildes schließen.
- Auf der Hälfte der Strecke α Leo – γ UMa finden wir 46 LMi, ein Ende dieses Sternbildes.

kreiert wurde. »Es enthält nur kleine Sterne, für die man Luchsaugen haben muß«. Dieser Bemerkung verdankt das Sternbild übrigens Namen und Stellung in dieser Region des Himmels zwischen dem Großen Bären und den Zwillingen.

Das Sternbild **Haar der Berenike** (*Coma Berenices*, Abk.: Com) wurde 247 v. Chr. zu Ehren der Gemahlin des ägyptischen Königs Ptolemäus III. von dem Astronomen Konon aus Samos erfunden.

## Den Luchs (Lyn) erkennen

Der Luchs (*Lynx*, Abk.: Lyn) besteht zwar aus schwachen Sternen, doch ist er leicht zu finden, da er sich in einer dunklen Himmelsregion befindet.

• An der Spitze eines gleichschenkligen Dreiecks mit der Strecke α Leo – β Cnc als Basis findet man α Lyn, einen schönen roten Stern mit einer Helligkeit von 3,1$^m$. Der Rest des Sternbildes schlängelt sich von einem schwach leuchtenden Punkt zum nächsten.

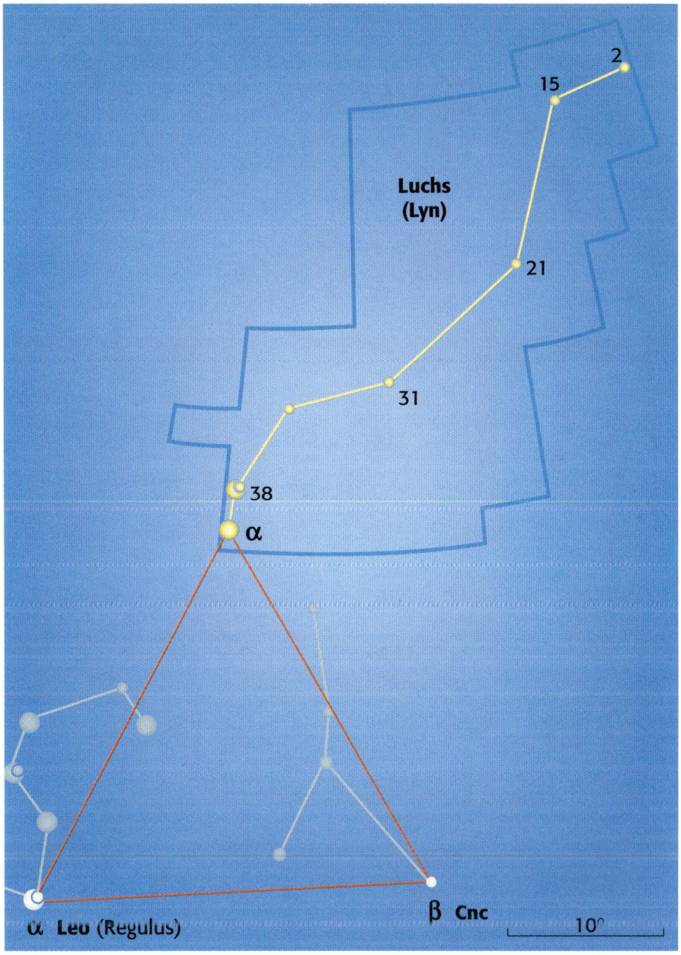


## Das Haar der Berenike (Com) erkennen

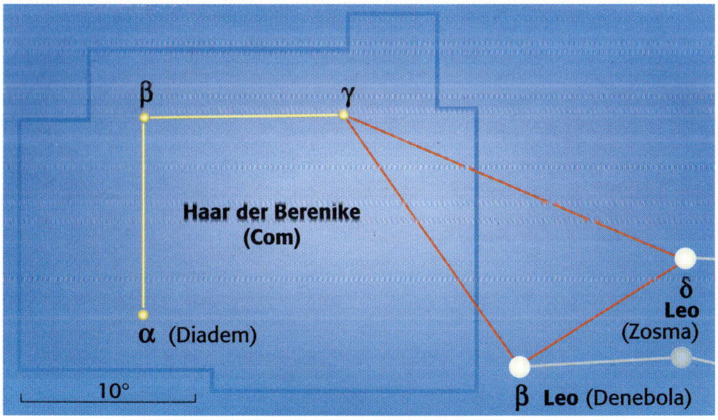


Das Haar der Berenike (*Coma Berenices*, Abk.: Com) präsentiert sich als perfektes rechtwinkliges Dreieck aus Sternen mit einer Helligkeit von etwa 4$^m$. Es ist unter dem Schwanz des Großen Bären leicht zu finden. Mit dem Feldstecher kann man hier einen bemerkenswerten Sternhaufen beobachten.

• Die Strecke δ Leo – β Leo bildet mit dem Stern γ Com, einem der drei Sterne des Sternbildes, ein fast gleichschenkliges Dreieck.

# Die Umgebung der Jungfrau

Beobachtung: im Frühling.

Die Tage werden milder und die Abende immer länger: Es wird allmählich Frühling. Die drei Schönen des Sommerdreiecks erstrahlen wieder über dem Horizont, während Procyon, Pollux, Castor und Capella, die letzten Leuchtfeuer der Wintersternbilder, allmählich nach Westen gleiten und schließlich verlöschen. Aufgrund ihrer Stellung im Tierkreis kann man die Jungfrau von Mitteleuropa aus vom Ende des Winters bis zum Beginn des Sommers beobachten. Dies gilt allerdings nicht für den Raben und den Becher, die wesentlich tiefer im Süden stehen. Diese beiden Sternbilder sind nur im März und April zu sehen.

## Geschichten und Sagen

Die **Jungfrau** (*Virgo*, Abk.: Vir) ist nach der Wasserschlange das zweitgrößte Sternbild am Himmelsgewölbe. Dies ist ein Beweis für die Bedeutung, die die Völker der Antike den Himmelsereignissen in ihrem Alltag beimaßen. Der Untergang der Jungfrau läutete die Erntezeit ein. Die Darstellungen zeigen uns eine Figur bei der Ernte, die eine Ähre in der Hand hält: Es ist α Vir oder Spica, »die Ähre«. Das Sternbild symbolisiert Demeter, die griechische Göttin des Ackerbaus. Die Babylonier bezeichneten die gesamte Himmelsregion mit dem Namen *Ki-Hal*, »die Ähre«, wovon nur Spica übrigblieb. Das Sternbild wurde erst zu einem späteren Zeitpunkt in seiner heutigen Form festgelegt, wahrscheinlich weil die Ähre von einer Figur getragen werden mußte. Die Griechen nannten außerdem ε Vir »die Vorbotin der Weinlese«. Die heute übliche Bezeichnung *Vindemiatrix*, die »Traubenleserin«, kommt aus dem Lateinischen.

**Rabe** (*Corvus*, Abk.: Crv) und **Becher** (*Crater*, Abk.: Crt) gehen auf die gleiche griechische Sage zurück, die uns von dem Römer Hyginus in seiner *Astronomie* überliefert wird. Apollo, der Beschützer des Raben, sandte diesen aus, um reines Wasser aus einer Quelle zu holen. Unterwegs setzte sich der Vogel auf einen Feigenbaum nieder und wartete bis zur Obstreife, um von den Früchten

## Die **Jungfrau (Vir)** erkennen

Die Jungfrau (*Virgo*, Abk.: Vir) ist ein langgestrecktes Sternbild, dessen Hauptsterne eine Figur darstellen, die eine Ähre trägt. α Vir (Spica) bildet mit α Leo (Regulus) und α Boo (Arktur) das zur Orientierung am Himmel sehr hilfreiche »Frühlingsdreieck«. Im Bereich dieses Sternbildes findet man den reichsten Galaxienhaufen des Himmels *(siehe Info-Kasten)*.

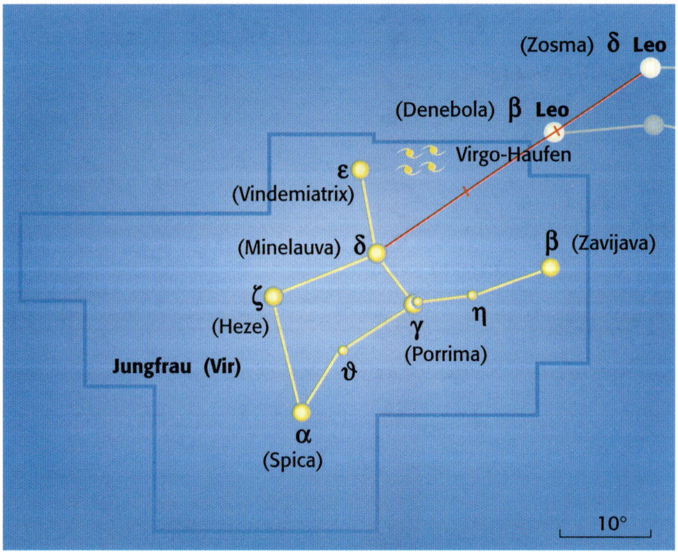


- Die zweifache Verlängerung der Strecke δ Leo – β Leo nach Osten führt uns zu δ Vir. Am anderen Ende des Sternbildes steht α Vir, ein schöner, blauer Stern, der um den 15. April gegen Mitternacht seinen höchsten Stand erreicht. Er ist leicht zu erkennen, da er der hellste Stern in dieser riesigen Himmelsregion ist. ε Vir (Vindemiatrix) hat eine Helligkeit von $2{,}9^{m}$. Zwischen diesen beiden Sternen vervollständigt das Dreieck aus δ, γ und ϑ Vir das Sternbild.

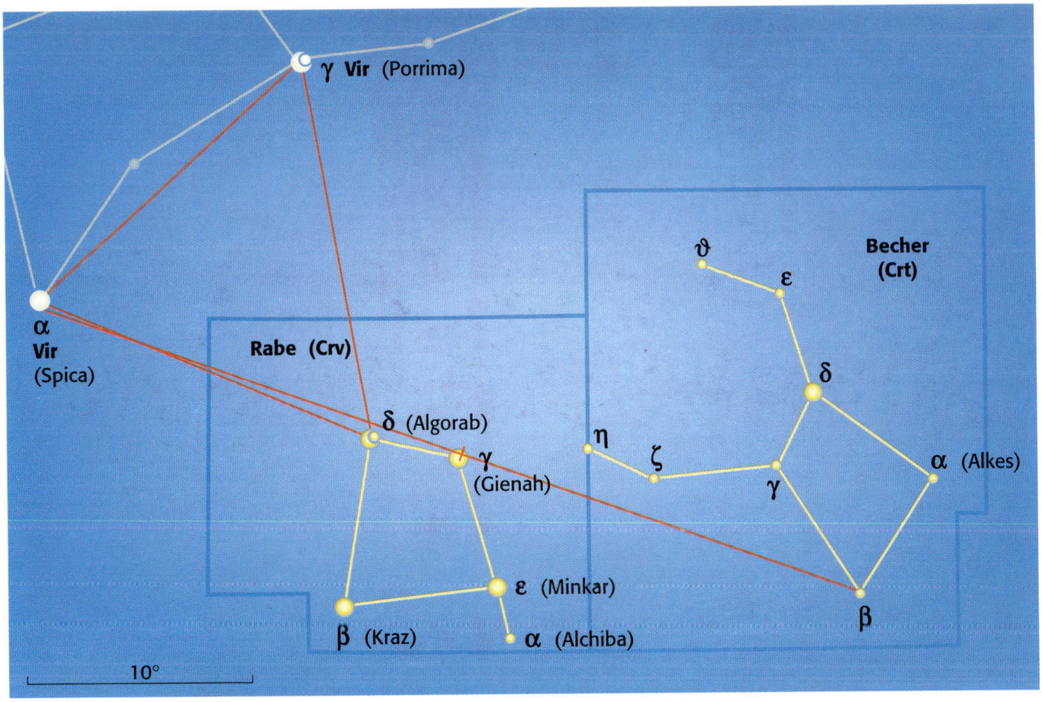


zu fressen. Bei seiner verspäteten Rückkehr behauptete er, eine Wasserschlange habe ihn aufgehalten, weil sie das Wasser aus dem Kelch getrunken habe. Apollo erkannte die Lüge und setzte den Raben an den Himmel. Seitdem erhellen Wasserschlange, Becher und Rabe diese Himmelsregion ...

## Den **Raben (Crv)** und den **Becher (Crt)** erkennen

Im März/April erkennt man im Süden ganz leicht den Becher (*Crater*, Abk.: Crt) und den Raben (*Corvus*, Abk.: Crv). Sie stehen dicht beieinander und ähneln sich in ihrer Ausdehnung, ihrer Form als verzerrtes Trapez und in den Helligkeiten ihrer Sterne.

- Mit Hilfe eines fast gleichseitigen Dreiecks mit einer Seitenlänge der Strecke α Vir – γ Vir findet man in der gegenüberliegenden Spitze den Stern δ Crv, eine der Ecken des Trapezes in diesem Sternbild.
- Verdoppelt man die Strecke α Vir – γ Crv, finden wir β Crt. Von hier aus bildet das Sternbild, ähnlich wie der Rabe, ein kleines Trapez, das jedoch von zwei Armen verlängert wird.

### Zoom auf den Virgo-Galaxienhaufen

Diese Himmelsregion enthält eine beeindruckende Anzahl an Galaxien, die zu einem Galaxienhaufen gehören. Es ist der reichste Haufen an der gesamten Himmelssphäre. Der dichteste Teil befindet sich im Bereich der Jungfrau, am Rand zum Sternbild Haar der Berenike. Auf dem nebenstehenden Bild, das mit einem professionellen Teleskop (ESO) aufgenommen wurde, sieht man das Zentrum des Haufens mit vier der hellsten Galaxien (NGC 4435 und NGC 4438 links, M 86 in der Mitte und M 84 rechts). Der Virgo-Haufen, der 65 Millionen Lichtjahre entfernt ist, kann nur mit einem Fernrohr oder einem Teleskop (ab 150 mm Durchmesser) beobachtet werden.

**Etwa zehn Galaxien als verschwommene Flecken.**

# Die Region um Herkules

Beobachtung: im Frühling.
In den ersten Juninächten wandert der Löwe in Richtung Westhorizont, ohne ihn jedoch zu erreichen. Das Untergehen von Denebola, dem letzten Leuchtfeuer des Sternbildes, kündigt uns das Herannahen der Sonnenwende an. Der Frühling läßt uns eine schöne Gruppe von Sternbildern entdecken, die den Himmel bis zum Herbst bevölkern wird: Herkules, die Nördliche Krone, den Rinderhirten und die Jagdhunde.

## Geschichten und Sagen

**Herkules** (*Hercules*, Abk.: Her), in der griechischen Mythologie Herakles genannt, ist mit einer Keule bewaffnet. Er kniet in Siegerpose, einen Fuß auf dem Drachen, dem Wächter des Gartens der Götter, den er eben erlegt hat. Das Sternbild ist so ausgedehnt, daß der deutsche Kartograph Bayer sowohl das griechische als auch das lateinische Alphabet ausschöpfte, ohne daß es ihm gelang, sämtliche Sterne zu benennen. Der Hauptstern des Sternbildes, Ras Algethi (was im Arabischen »Kopf des Knienden« bedeutet), stellt den Kopf des Herkules dar.

Das Sternbild **Nördliche Krone** (*Corona Borealis*, Abk.: CrB) verdankt seinen Namen seiner besonderen Form. Sein Hauptstern wird Gemma, »die Perle«, genannt. Manche Völker sahen hier ein Adlernest, andere eine Schale oder auch einen Kreis von Häuptlingen. Die griechisch-römische Mythologie sah darin die Krone der

## Herkules (Her) erkennen

Das riesige Sternbild Herkules (*Hercules*, Abk.: Her), dessen hellste Sterne eine Helligkeit von etwa $3^m$ erreichen, verdankt seine Bekanntheit nicht seinen Sternen, sondern zweifelsohne einem weitaus interessanteren Himmelsobjekt, dem Kugelsternhaufen M 13 *(siehe Info-Kasten)*. Herkules ist für den Anfänger oft schwer zu finden, da sich dieses Sternbild sehr weit über das Himmelsgewölbe erstreckt und seine Grenzen recht undeutlich sind.

- Zunächst muß man das Viereck aus den Sternen $\eta$, $\zeta$, $\varepsilon$ und $\pi$ entdecken. Verdoppelt man die Strecke $\alpha$ Cyg – $\alpha$ Lyr nach Westen, findet man $\zeta$ Her, wobei diese drei Sterne ein gleichschenkliges Dreieck bilden. Achten Sie auf den Helligkeitsunterschied: $\alpha$ Cyg (Deneb) und $\alpha$ Lyr (Wega) sind äußerst hell, $\zeta$ Her hingegen ist wesentlich schwächer mit einer Helligkeit von nur $2{,}8^m$. Dafür ist er jedoch ein schöner Doppelstern. Hat man das Viereck gefunden, kann man den Rest des Sternbildes daran erkennen, daß es Ähnlichkeit mit einer riesigen Spinne hat.

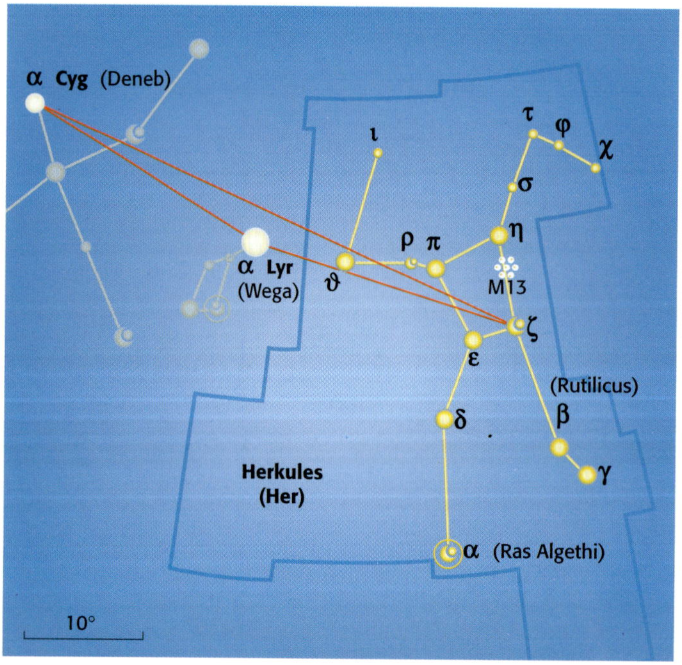

Ariadne, Tochter des Königs Minos von Kreta.

Der **Rinderhirte** (*Bootes*, Abk.: Boo) und die **Jagdhunde** (*Canes Venatici*, Abk.: CVn) werden in zahlreichen Sagen und Deutungen miteinander verknüpft. Die arabischen Sternbeobachter sahen unter dem Schwanz des Großen Bären eine ihn verfolgende Hundemeute. Der orangefarbene Stern Arktur, α Boo, wurde früher *Arctophyax* genannt, was »Bärenhüter« bedeutet. Die Gruppe aus den hellen Sternen des Großen Bären, des Rinderhirten und der Jagdhunde ist reich an Sagen, die wir hier nicht alle beschreiben können (siehe Lesetips, Seite 64).

**Zoom auf den Kugelsternhaufen M 13 im Herkules**

M 13 ist der bedeutendste Kugelsternhaufen am Nordhimmel. Man findet ihn zwischen den Sternen η Her und ζ Her. In einer klaren, mondlosen Nacht ist er mit dem bloßen Auge wahrnehmbar. Sein scheinbarer Durchmesser am Himmel entspricht einem Drittel der Mondbreite. Richtet man den Feldstecher auf diese Sterntraube, so erkennt man einen milchigen Fleck. An der Peripherie sind noch etwa 20 einzelne Sterne zu sehen. Mit einem kleinen Teleskop ist der Anblick dieses Schwarms aus fast einer halben Million Sonnen wirklich großartig.

**Ein blasser Schimmer (bei sehr guten Beobachtungsbedingungen).**

**Die Struktur des Haufens und einige Sterne der Peripherie.**

**Die körnige Struktur und etwa 100 Sterne der Peripherie.**

## Die **Nördliche Krone (CrB)**, den **Rinderhirten (Boo)** und die **Jagdhunde (CVn)** erkennen

Die Nördliche Krone (*Corona Borealis*, Abk.: CrB) ist ein sehr schönes Sternbild, dessen Sterne einen auch vom Anfänger nicht zu übersehenden Halbkreis bilden. Somit ist es zwischen Herkules und dem Rinderhirten leicht zu erkennen. Der Rinderhirte (*Bootes*, Abk.: Boo) hat Ähnlichkeit mit einer großen Eistüte. Er besteht aus hellen Sternen und erstreckt sich über eine recht große Fläche. Die Jagdhunde (*Canes Venatici*, Abk.: CVn) bilden ein winziges Sternbild, das aus zwei mittelhellen Sternen besteht.

- Die Nördliche Krone entdeckt man, wenn man die Strecke ϑ Her – ζ Her verdoppelt. Man findet somit α CrB im Zentrum des halbkreisförmigen Sternbildes. In der Nähe von α CrB befindet sich R CrB, ein Stern, der plötzliche Helligkeitsschwankungen zeigt, für die man bisher noch keine genaue Erklärung gefunden hat.

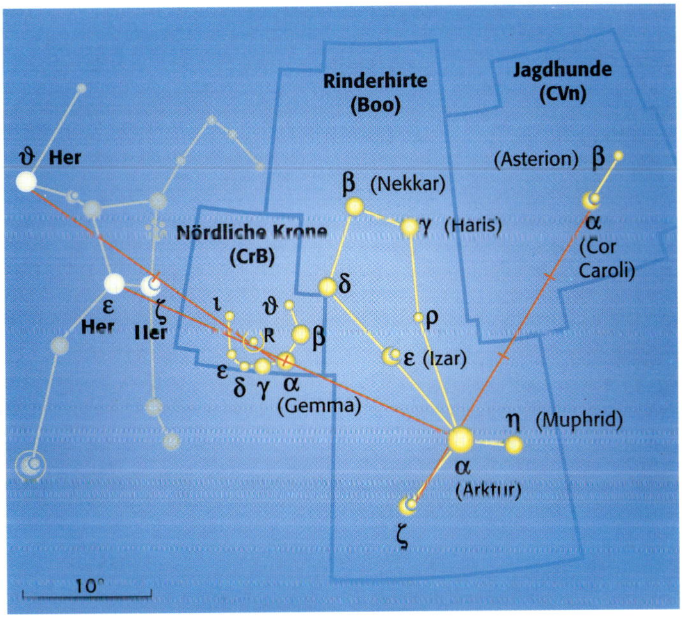


- Um die Spitze des Sternbildes Rinderhirte zu finden, die durch den hellen Stern α Boo (Arktur) gebildet wird, verdoppelt man die Strecke ε Her – α CrB.

- Die dreifache Verlängerung der Strecke ζ Boo – α Boo führt uns zu α CVn; das ist der hellste Stern im Sternbild Rinderhirte.

# Die Umgebung des Skorpions

Beobachtung: im Frühling.
Wenn der Juni naht, verweilt der letzte Schimmer der Dämmerung immer länger am Himmel. Im Norden Deutschlands geht die Abenddämmerung direkt in die Morgenröte über. Zur Verzweiflung der Astronomen wird die astronomische Dämmerung nicht erreicht. Trotzdem ist es die beste Jahreszeit, um eine Gruppe von Sternbildern zu beobachten, die sich am Himmelsäquator und an der Ekliptik befindet: Es sind die Schlange, die Waage und der Skorpion.

## Geschichten und Sagen

Die **Schlange** (*Serpens*, Abk.: Ser) ist das einzige Sternbild, das aus zwei einzelnen Teilen besteht, die durch ein anderes Sternbild voneinander getrennt sind (dem Schlangenträger). Sie soll ägyptischen Ursprungs sein.

Die **Waage** (*Libra*, Abk.: Lib) ist das siebte Tierkreiszeichen und zeichnet sich vielleicht dadurch aus, daß es als einziges von ihnen kein Lebewesen, sondern ein Objekt darstellt. Die arabischen Sternbeobachter ordneten die beiden hellsten Sterne dieser Konstellation, α Lib und β Lib, entweder dem Sternbild Waage (sie wurden dort südliche bzw. nördliche *Kiffa*, »Waage«, genannt) oder dem Sternbild Skorpion zu. In diesem Fall bildeten sie die Scheren des Skorpions: α Lib wurde dann *Zuben Elgenubi* (»die südliche Schere«), β Lib *Zuben Elschemali* (»die nördliche Schere«) genannt.

Der **Skorpion** (*Scorpius*, Abk.: Sco) ist mit seinem wunderschönen roten Stern Antares (aus dem Griechischen von *anti-Ares*, »Gegenmars«) ein sehr altes Sternbild, das bereits bei den Völkern aus Ägypten, Babylon und China Erwähnung findet. Der Skorpion symbolisiert das giftige Tier, mit dem Hera den Riesen Orion attakierte, als er Artemis verführen wollte. Deshalb, so berichten die Dichter der Antike, verschwindet Orion unter dem Westhorizont, sobald im Osten der Skorpion aufgeht.

## Die **Schlange (Ser)** erkennen

Die Schlange (*Serpens*, Abk.: Ser) ist ein ausgedehntes Sternbild, das aus einem kleinen Dreieck, dem Kopf, und einem Körper besteht, der sich zwischen den benachbarten Sternbildern Waage, Schlangenträger und Skorpion hindurchschlängelt und in der Nähe des Adlers endet. Sämtliche Sterne dieser Konstellation sind nicht besonders hell: Der hellste, α Ser oder Unukalhai, »der Hals der Schlange«, hat eine Helligkeit von 2,6$^{m}$.

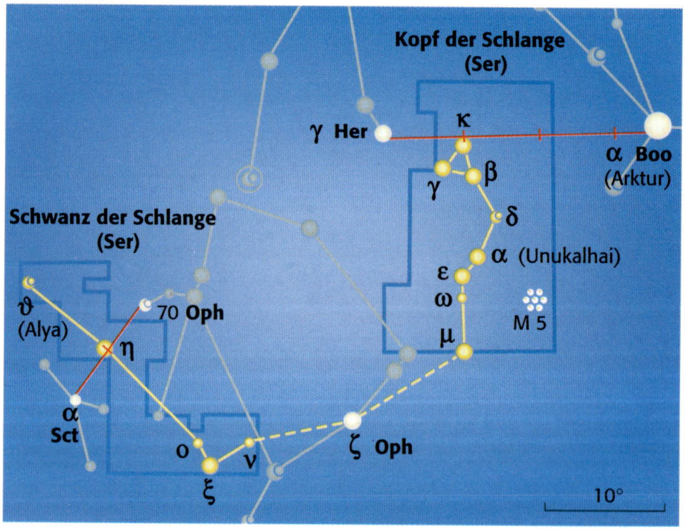


• Man findet die Schlange auf der Strecke γ Her – α Boo: Nach einem Drittel dieser Strecke gelangt man zu κ Ser, einer der Ecken des Dreiecks, das den Kopf des Tieres darstellt. Der lange Körper erstreckt sich dann über das Himmelsgewölbe und verläuft in Höhe der Sterne μ Ser und ν Ser durch die Hände des Schlangenträgers. In der Mitte der Strecke 70 Oph – α Sct findet man schließlich η Ser, den vorletzten Stern des Schlangenschwanzes. In der Nähe von α Ser kann man den Kugelsternhaufen M5 beobachten.

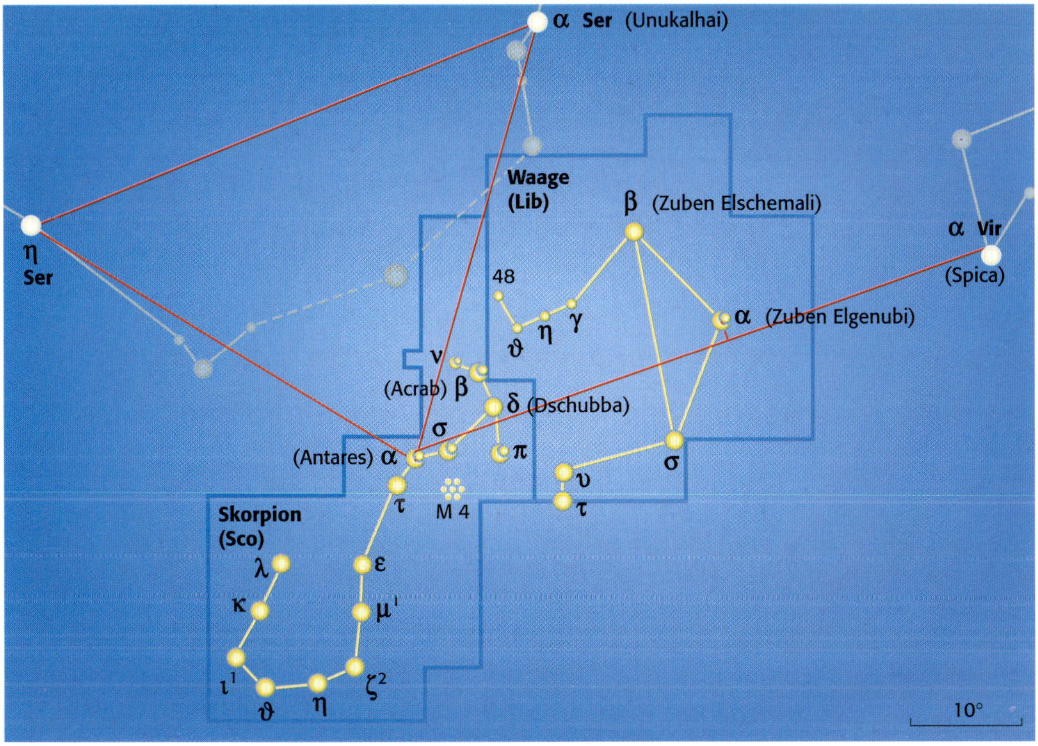


## Den **Skorpion (Sco)** und die **Waage (Lib)** erkennen

Das mittelgroße Sternbild Skorpion (*Scorpius*, Abk.: Sco), das sehr tief am Südhorizont steht, enthält einen besonders markanten Stern, den Roten Riesen Antares, in dessen Nähe sich der Kugelsternhaufen M 4 befindet *(siehe Info-Kasten)*. Der Kopf des Tieres präsentiert sich als eine Art Fächer. Der Körper, der in Mitteleuropa sehr tief am Horizont steht, ist nur von Südeuropa aus sichtbar. Die Waage (*Libra*, Abk.: Lib) ist ebenfalls ein mittelgroßes Sternbild südlich des Himmelsäquators. Es erreicht im Mai seinen höch sten Stand und befindet sich dabei in unseren Breiten etwa 30° über dem Horizont. In den Monaten März und April kann man versuchen, die Waage in der zweiten Nachthälfte zu entdecken. Die wenigen Sterne der Waage sind allerdings nicht besonders hell.

- Um den Skorpion zu finden, stellt man sich ein gleichseitiges Dreieck aus den Sternen η Ser, α Ser und α Sco vor, der sich im Zentrum des Sternbildes befindet. Zu der einen Seite erstreckt sich der Schwanz, zur anderen breitet sich der Kopf aus.
- Die Waage findet man mit Hilfe der Linie α Sco – α Vir, in dessen Mitte sich α Lib, die äußere Spitze des Sternbildes, befindet.

### Zoom auf den Kugelsternhaufen M 4 im Skorpion

Wegen seiner Lage tief am Horizont ist M 4 ein in unseren Breiten schwer zu beobachtendes Objekt. Er befindet sich in der Nähe des Sterns α Sco (Antares) und ist schon mit dem Feldstecher sichtbar. Mit leistungsfähigeren Instrumenten kann man das atypische Aussehen von M 4 erkennen (siehe nebenstehende Abbildung, die durch ein Teleskop der ESO aufgenommen wurde). Wegen seiner unregelmäßigen Form könnte man ihn auch für einen offenen Haufen halten.

**Ein schwacher Schimmer.** **Ein blasser, ausgedehnter Fleck.**

# Der südliche Sternenhimmel

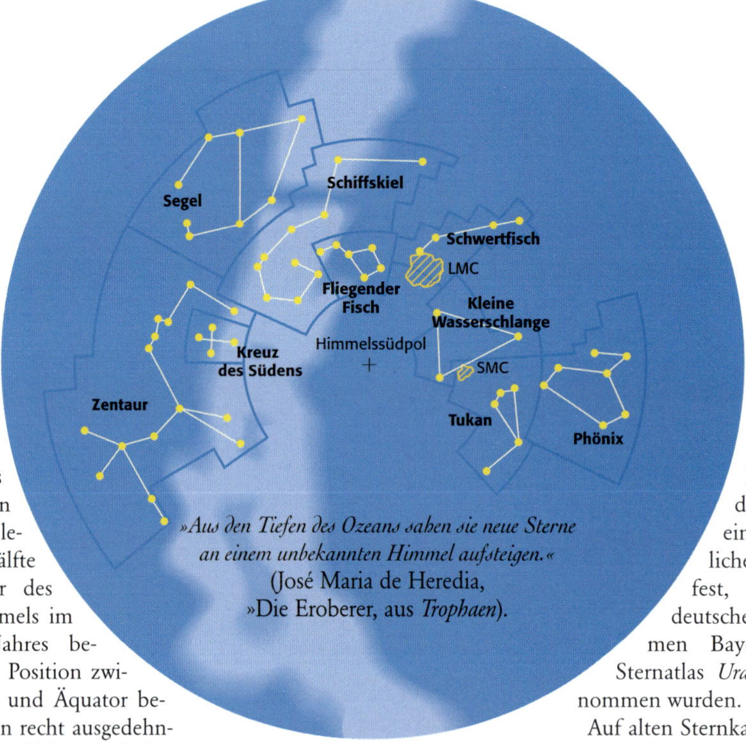


*»Aus den Tiefen des Ozeans sahen sie neue Sterne an einem unbekannten Himmel aufsteigen.«*
(José Maria de Heredia, »Die Eroberer, aus *Trophaen*).

Für alle Sternbeobachter und Hobby-Astronomen, die etwa auf der Höhe des 45. nördlichen Breitengrads leben, ist die Hälfte der Sternbilder des südlichen Himmels im Laufe eines Jahres beobachtbar. Ihre Position zwischen Nordpol und Äquator beschert ihnen, ein recht ausgedehntes Beobachtungsfeld nach Süden und somit zeitweise Sternbilder, die weiter im Norden unsichtbar bleiben. Dies gilt z.B. für die Sternbilder, die auf den vorhergehenden Seiten aufgrund ihrer Nähe zum Südhorizont (vom 45. nördlichen Breitengrad aus gesehen) als »südliche« Sternbilder bezeichnet wurden: Einhorn, Taube, Hinterdeck, Kompaß, Rabe oder Becher ... Je weiter südlich man sich befindet, desto besser sind die Beobachtungsbedingungen für diese Konstellationen.

Jenseits davon gibt es Sternbilder, die zum südlichen Sternenhimmel gehören. Eine Reise auf die Südhalbkugel oder in die Nähe des Äquators bietet die Gelegenheit, eine neue, an interessanten Objekten reiche Himmelssphäre zu entdecken. Zwar finden Sie dort nicht mehr Nebelhaufen oder Galaxien als in der Nordhemisphäre, doch sind manche »Sehenswürdigkeiten« – wie die beiden Magellanschen Wolken (nach ihren englischen Bezeichnungen »Large Magellanic Cloud« und »Small Magellanic Cloud« mit LMC und SMC abgekürzt), der Tarantel-Nebel oder der Kugelsternhaufen ω Centauri – wegen ihrer Ausdehnung und ihrer Helligkeit gerade für Anfänger einfacher zu beobachten.

Die astronomische Beobachtung des südlichen Sternenhimmels begann erst spät. Einer der Wegbereiter dafür war Pieter Dickszoon Keyser, ein holländischer Seefahrer. Ende des 16. Jahrhunderts legte er ein Dutzend südlicher Sternbilder fest, die von dem deutschen Astronomen Bayer in seinen Sternatlas *Uranometria* übernommen wurden.

Auf alten Sternkarten sieht man eine große Leere um den Himmelssüdpol. Diese kartographische Lücke füllte sich allmählich infolge der zahlreichen Expeditionen in die Südhemisphäre, die ab dem 16. Jahrhundert stattfanden. Doch erst die Astronomen des 17. und 18. Jahrhunderts vervollständigten die Karten endgültig. Zu diesem Zweck unternahmen beispielsweise E. Halley oder Nicolas-Louis de La Caille zahlreiche Reisen.

In diesem kleinen Handbuch werden nicht alle Sternbilder in der Nähe des Himmelssüdpols besprochen. Auf den drei nachfolgenden Seiten werden jedoch die bedeutendsten unter ihnen mit ihren besonderen Objekten vorgestellt.

## Den **Zentaur (Cen)** und das **Kreuz des Südens (Cru)** erkennen

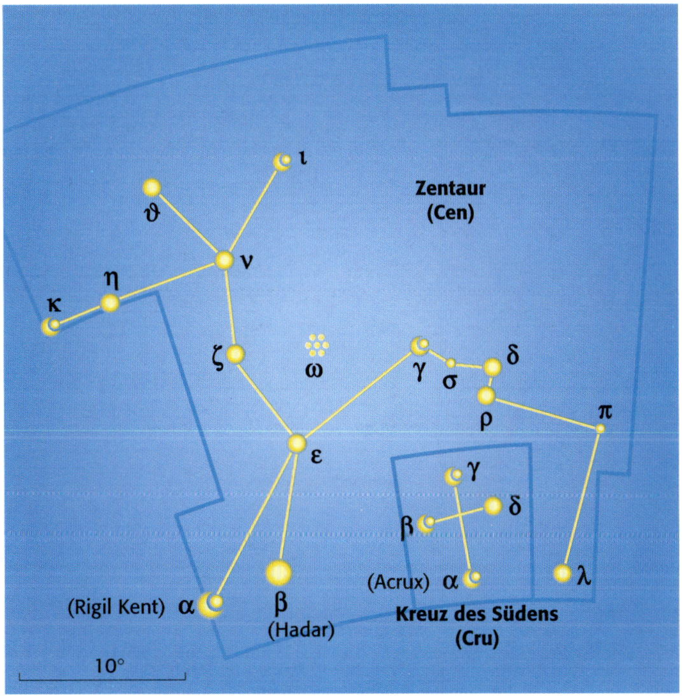


Der Zentaur (*Centaurus*, Abk.: Cen) ist ein beeindruckendes Sternbild, das man seit der Antike kennt. In den Sagen ist dieses Fabelwesen halb Mensch, halb Pferd. Der griechische Astronom und Mathematiker Ptolemäus beschrieb es im 2. Jahrhundert in seinem *Almagest.* Der Hauptstern α Cen (Rigil Kent) ist mit 4,3 Lichtjahren Entfernung der nächste mit bloßem Auge sichtbare Stern; tatsächlich handelt es sich um ein Dreifachsystem. Proxima Centauri, einer dieser drei Sterne, hat eine Helligkeit von $10^m$ und ist unserem Sonnensystem am nächsten. Am Himmel steht Proxima Centauri rund 2° von α Cen entfernt.

• Das Kreuz des Südens (*Crux*, Abk.: Cru) ist das kleinste, aber auch das bekannteste Sternbild am südlichen Sternenhimmel. Dieses Sternbild, das man im Frühjahr schon vom südlichen Ägypten aus sehen kann, wurde bereits von Ptolemäus in seinem *Almagest* eingeführt.

• Obwohl sich das Sternbild Zentaur mitten in der Milchstraße befindet, ist es aufgrund der Helligkeit seiner zwei Hauptsterne α Cen (Rigil Kent) und β Cen (Hadar) leicht zu erkennen. Mit $-0{,}3^m$ bzw. $0{,}6^m$ sind sie – neben α Car (siehe Seite 56) – die hellsten Sterne in dieser Himmelsregion und bilden die Vorderbeine des Zentaurs. Ausgehend davon erstreckt sich zu der einen Seite der große Tierkörper und zur anderen der Torso des menschlichen Körpers. Zwischen den Sternen ζ und γ Cen befindet sich der helle Kugelsternhaufen ω Cen *(siehe Info-Kasten).*

• Das Kreuz des Südens befindet sich zwischen den Beinen des Zentaurs bzw. zwischen Zentaur und Himmelssüdpol. Die beiden Hauptsterne α und β Cru haben eine Helligkeit von etwa $1^m$ und sind die Endpunkte der beiden Arme des Kreuzes. Die zwei anderen Sterne, γ und δ, sind etwas weniger hell.

### Zoom auf den Kugelsternhaufen ω Centauri im Zentaur

Zusammen mit den beiden Magellanschen Wolken gehört der Kugelsternhaufen ω Cen zu den bemerkenswertesten Objekten am südlichen Sternenhimmel. Er ist der größte und hellste Kugelsternhaufen am irdischen Firmament (die nebenstehende Abbildung zeigt den Blick durch ein Teleskop der ESO). Er enthält etwa eine Million Sterne, und seine Ausdehnung am Himmel beträgt etwa eine Mondbreite. ω Cen ist mit seiner Helligkeit von $3{,}6^m$ mit bloßem Auge gut sichtbar.

**Kreisförmiger, diffuser Fleck, mit bloßem Auge gut sichtbar (Helligkeit: $3{,}6^m$).** **Das Zentrum des Haufens ist diffus, in der Peripherie sind etwa 20 Sterne einzeln beobachtbar.** **Ein Beobachtungsfeld mit etwa 1200 Sternen.**

## Der **Südliche Sternenhimmel** (Fortsetzung)

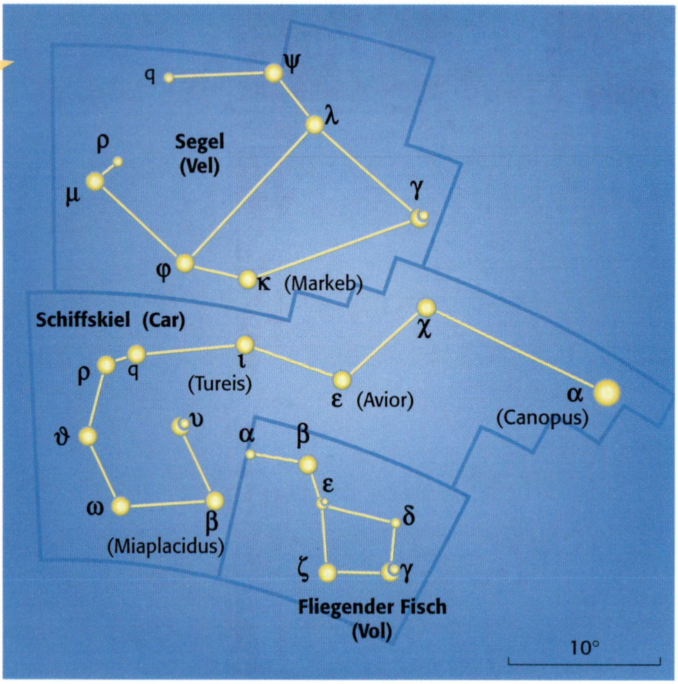


## Das **Segel (Vel)**, den **Schiffskiel (Car)** und den **Fliegenden Fisch (Vol)** erkennen

Das Sternbild Segel (*Vela*, Abk.: Vel) ist seit der Antike bekannt und gehörte ursprünglich einem größeren Sternbild an, dem Schiff Argo (*Argo Navis*), das später in die Sternbilder Schiffskiel, Hinterdeck (siehe Seiten 44–45) und Segel dreigeteilt wurde. Das Sternbild Schiffskiel (*Carina*, Abk.: Car) befindet sich unterhalb des Segels und stellt den Vorderteil des Schiffes Argo dar. Sein Hauptstern, α Car (Canopus), ist mit einer Helligkeit von −0,7$^m$ nach Sirius der zweithellste Stern am Himmel. In der Nähe, zwischen der Großen Magellanschen Wolke *(siehe Info-Kasten)* und der Milchstraße, befindet sich das Sternbild Fliegender Fisch (*Volans*, Abk.: Vol). Diese Gruppe schwacher Sterne ist schwer zu erkennen, der Hauptstern hat eine Helligkeit von nur 3,7$^m$.

• Rechts von den Sternbildern Zentaur und Kreuz des Südens findet man leicht das Segel mit seinen relativ hellen Sternen. Es besteht aus einem doppelten Viereck mit einer gemeinsamen Seite.

• Unter dem Segel findet man den hellen Stern α Car, der das westliche Ende des Sternbildes Schiffskiel markiert, dessen Form an einen Bischofsstab erinnert.

• Zwischen β Car und α Car befindet sich der hellste Stern des Sternbildes Fliegender Fisch, der seltsamerweise die Bezeichnung β Vol statt α Vol trägt. Er bildet das untere Ende eines kleinen Drachens.

## Den **Schwertfisch (Dor)** erkennen

Der Schwertfisch (*Dorado*, Abk.: Dor) ist ein kleines Sternbild, in dessen Gebiet sich etwa zwei Drittel der Großen Magellanschen Wolke *(siehe Info-Kasten)* befinden. Das letzte Drittel ragt in das Sternbild Tafelberg hinein. Alle Sterne dieser Konstellation sind – verglichen mit der Ausdehnung jenes gigantischen Nebels, der nachts wie eine aschgraue Wolke am Himmel steht – unscheinbar.

• Den Schwertfisch findet man rechts von den Sternbildern Schiffskiel und Fliegender Fisch. Vier schwache Sterne befinden sich auf einer zum Ende hin abknickenden Linie. Der hellste Stern, α Dor, hat eine Helligkeit von 3,4$^m$.

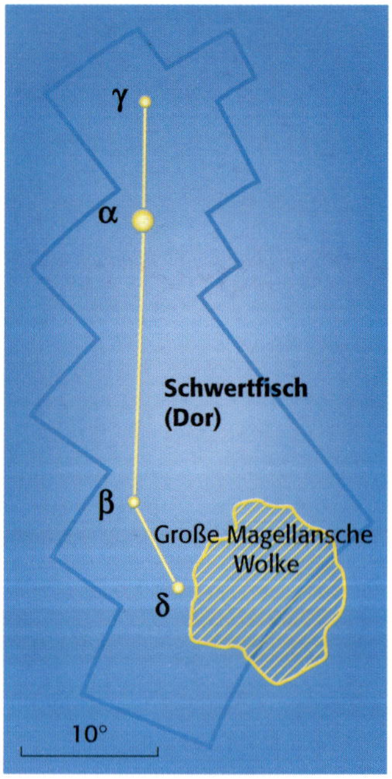

## Zoom auf die Große Magellansche Wolke im Schwertfisch

Die Große Magellansche Wolke ist eine unserem Milchstraßensystem benachbarte irreguläre Galaxie. Sie ist das größte extragalaktische Objekt am Himmel, das von einem Hobby-Astronomen beobachtet werden kann. Selbst der berühmte Andromeda-Nebel, der in Wirklichkeit viel größer ist, sieht im Vergleich dazu recht bescheiden aus. Die Große Magellansche Wolke erstreckt sich über 7° am Himmel (das sind etwa 14 Mondbreiten nebeneinander). Ein »Muß«, wenn man sich in die Südhemisphäre begibt.

**Das ausgedehnteste und hellste extragalaktische Objekt.**

**Mehr als 100 Einzelobjekte.**

**Mehrere Beobachtungen sind notwendig, um alles zu sehen.**

# Die Kleine Wasserschlange (Hyi), den Tukan (Tuc) und den Phönix (Phe) erkennen

Das Sternbild Kleine Wasserschlange (*Hydrus*, Abk.: Hyi) wurde 1603 von Bayer eingeführt. Ohne ein leistungsfähiges Beobachtungsinstrument wird man nichts Interessantes daran finden. Es befindet sich zwischen den beiden Magellanschen Wolken und nimmt wenig Platz am Himmel ein. Das Sternbild Tukan (*Tucana*, Abk.: Tuc) enthält die Kleine Magellansche Wolke, eine uns benachbarte Galaxie. Sie erscheint als kreisförmiger Fleck mit einer Helligkeit von $2^m$. Der Kugelsternhaufen 47 Tuc in ihrer Nähe ist ebenfalls ein interessantes Beobachtungsobjekt. Er ist noch größer als M 13 im Herkules (siehe Seiten 50–51). Den Phönix (*Phoenix*, Abk.: Phe) kannten die Astronomen der Antike bereits. Er befindet sich oberhalb des Tukans, zwischen Eridanus und Kranich. Dieser mythische Vogel ist ein Symbol der Unsterblichkeit. Nach der ägyptischen Sage lebte er mehrere Jahrhunderte lang, starb auf einem Scheiterhaufen und ist aus seiner Asche wieder auferstanden.

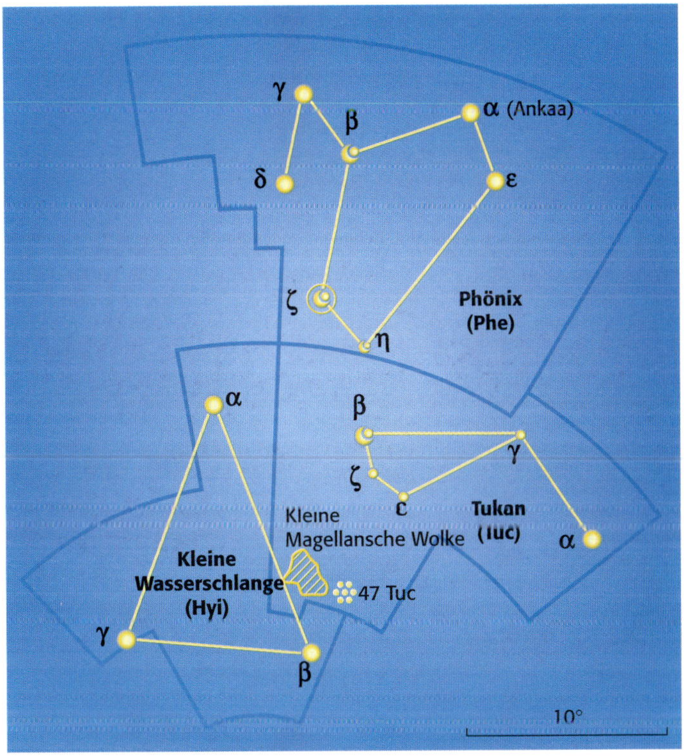


• Die Kleine Wasserschlange findet man zwischen den beiden Magellanschen Wolken, d.h. zwischen Schwertfisch und Tukan. Das Sternbild besteht aus einem Dreieck aus mäßig hellen Sternen.

• Die schwachen Sterne des Tukans sind zwischen der Kleinen Wasserschlange und dem Phönix schwer zu finden.

• Den Phönix findet man oberhalb des Tukans über seinen goldgelben Hauptstern α Phe. Die anderen Sterne sind mit ihrer Helligkeit von etwa $4^m$ nur relativ schwer zu finden, daher ist die vollständige Form des Sternbildes, das wie eine Stielkasserolle aussieht, kaum zu erkennen. Der Stern ζ ist ein Doppelstern.

# Die 88 Sternbilder

| Deutscher Name | Lateinischer Name | Abkürzung | Fläche[1] (Quadratgrad) | Beobachtungsperiode[2] | Seite |
|---|---|---|---|---|---|
| **Adler** | *Aquila* | Aql | 652 | im Sommer | 30–31 |
| **Altar** | *Ara* | Ara | 237 | (Südhimmel) | – |
| **Andromeda** | *Andromeda* | And | 722 | im Herbst | 34–35 |
| **Becher** | *Crater* | Crt | 282 | im Frühling | 48–49 |
| **Bildhauer** | *Sculptor* | Scl | 475 | (Südhimmel) | – |
| **Chamäleon** | *Chamaeleon* | Cha | 132 | (Südhimmel) | – |
| **Chemischer Ofen** | *Fornax* | For | 398 | im Winter | 40–41 |
| **Delphin** | *Delphinus* | Del | 189 | im Sommer | 30–31 |
| **Drache** | *Draco* | Dra | 1 083 | ganzjährig | 26–27 |
| **Dreieck** | *Triangulum* | Tri | 132 | im Herbst | 36–37 |
| **Eidechse** | *Lacerta* | Lac | 201 | im Herbst | 34–35 |
| **Einhorn** | *Monoceros* | Mon | 482 | im Winter | 44–45 |
| **Eridanus** | *Eridanus* | Eri | 1 138 | im Winter | 40–41 |
| **Fische** | *Pisces* | Psc | 889 | im Herbst | 36–37 |
| **Fliege** | *Musca* | Mus | 138 | (Südhimmel) | – |
| **Fliegender Fisch** | *Volans* | Vol | 141 | (Südhimmel) | 56–57 |
| **Füchschen** | *Vulpecula* | Vul | 268 | im Sommer | – |
| **Fuhrmann** | *Auriga* | Aur | 657 | im Winter | 38–39 |
| **Füllen** | *Equuleus* | Equ | 72 | im Sommer | – |
| **Giraffe** | *Camelopardalis* | Cam | 757 | ganzjährig | 28–29 |
| **Grabstichel** | *Caelum* | Cae | 125 | (Südhimmel) | – |
| **Großer Bär** | *Ursa Major* | UMa | 1 280 | ganzjährig | 26–27 |
| **Großer Hund** | *Canis Major* | CMa | 380 | im Winter | 40–41 |
| **Haar der Berenike** | *Coma Berenices* | Com | 386 | im Frühling | 46–47 |
| **Hase** | *Lepus* | Lep | 290 | im Winter | 40–41 |
| **Herkules** | *Hercules* | Her | 1 225 | im Frühling | 50–51 |
| **Hinterdeck** | *Puppis* | Pup | 673 | im Winter | 44–45 |
| **Indianer** | *Indus* | Ind | 294 | (Südhimmel) | – |
| **Jagdhunde** | *Canes Venatici* | CVn | 465 | im Frühling | 50–51 |
| **Jungfrau** | *Virgo* | Vir | 1 294 | im Frühling | 48–49 |
| **Kassiopeia** | *Cassiopeia* | Cas | 598 | ganzjährig | 28–29 |
| **Kepheus** | *Cepheus* | Cep | 588 | ganzjährig | 28–29 |
| **Kleine Wasserschlange** | *Hydrus* | Hyi | 243 | (Südhimmel) | 56–57 |
| **Kleiner Bär** | *Ursa Minor* | UMi | 256 | ganzjährig | 26–27 |
| **Kleiner Hund** | *Canis Minor* | CMi | 183 | im Winter | 42–43 |
| **Kleiner Löwe** | *Leo Minor* | LMi | 232 | im Frühling | 46–47 |
| **Kompaß** | *Pyxis* | Pyx | 221 | im Winter | 44–45 |
| **Kranich** | *Grus* | Gru | 366 | (Südhimmel) | – |
| **Krebs** | *Cancer* | Cnc | 506 | im Winter | 42–43 |
| **Kreuz des Südens** | *Crux* | Cru | 68 | (Südhimmel) | 54–55 |
| **Leier** | *Lyra* | Lyr | 286 | im Sommer | 30–31 |
| **Löwe** | *Leo* | Leo | 947 | im Frühling | 46–47 |
| **Luchs** | *Lynx* | Lyn | 545 | im Frühling | 46–47 |
| **Luftpumpe** | *Antlia* | Ant | 239 | (Südhimmel) | – |
| **Maler** | *Pictor* | Pic | 247 | (Südhimmel) | – |
| **Mikroskop** | *Microscopium* | Mic | 210 | (Südhimmel) | – |

| | | | | | |
|---|---|---|---|---|---|
| **Netz** | *Reticulum* | Ret | 114 | (Südhimmel) | – |
| **Nördliche Krone** | *Corona Borealis* | CrB | 179 | im Frühling | 50–51 |
| **Oktant** | *Octans* | Oct | 291 | (Südhimmel) | – |
| **Orion** | *Orion* | Ori | 594 | im Winter | 40–41 |
| **Paradiesvogel** | *Apus* | Aps | 206 | (Südhimmel) | – |
| **Pegasus** | *Pegasus* | Peg | 1 121 | im Herbst | 34–35 |
| **Pendeluhr** | *Horologium* | Hor | 249 | (Südhimmel) | – |
| **Perseus** | *Perseus* | Per | 615 | im Winter | 38–39 |
| **Pfau** | *Pavo* | Pav | 378 | (Südhimmel) | – |
| **Pfeil** | *Sagitta* | Sge | 80 | im Sommer | 30–31 |
| **Phönix** | *Phoenix* | Phe | 469 | (Südhimmel) | 56–57 |
| **Rabe** | *Corvus* | Crv | 184 | im Frühling | 48–49 |
| **Rinderhirte** | *Bootes* | Boo | 907 | im Frühling | 50–51 |
| **Schiffskiel** | *Carina* | Car | 494 | (Südhimmel) | 56–57 |
| **Schild** | *Scutum* | Sct | 109 | im Sommer | 32–33 |
| **Schlange** | *Serpens* | Ser | (Kopf) 428<br>(Schwanz) 208 | im Frühling | 52–53 |
| **Schlangenträger** | *Ophiuchus* | Oph | 948 | im Sommer | 32–33 |
| **Schütze** | *Sagittarius* | Sgr | 867 | im Sommer | 32–33 |
| **Schwan** | *Cygnus* | Cyg | 804 | im Sommer | 30–31 |
| **Schwertfisch** | *Dorado* | Dor | 179 | (Südhimmel) | 56–57 |
| **Segel** | *Vela* | Vel | 500 | (Südhimmel) | 56–57 |
| **Sextant** | *Sextans* | Sex | 314 | (Südhimmel) | – |
| **Skorpion** | *Scorpius* | Sco | 497 | im Frühling | 52–53 |
| **Steinbock** | *Capricornus* | Cap | 414 | im Sommer | 32–33 |
| **Stier** | *Taurus* | Tau | 797 | im Winter | 38–39 |
| **Südliche Krone** | *Corona Australis* | CrA | 128 | (Südhimmel) | – |
| **Südlicher Fisch** | *Piscis Austrinus* | PsA | 245 | (Südhimmel) | – |
| **Südliches Dreieck** | *Triangulum Australe* | TrA | 110 | (Südhimmel) | – |
| **Tafelberg** | *Mensa* | Men | 153 | (Südhimmel) | – |
| **Taube** | *Columba* | Col | 270 | im Winter | 44–45 |
| **Teleskop** | *Telescopium* | Tel | 252 | (Südhimmel) | – |
| **Tukan** | *Tucana* | Tuc | 295 | (Südhimmel) | 56–57 |
| **Waage** | *Libra* | Lib | 538 | im Frühling | 52–53 |
| **Walfisch** | *Cetus* | Cet | 1 231 | im Herbst | 36–37 |
| **Wassermann** | *Aquarius* | Aqr | 980 | im Herbst | 34–35 |
| **Wasserschlange** | *Hydra* | Hya | 1 303 | (Südhimmel) | – |
| **Widder** | *Aries* | Ari | 441 | im Herbst | 36–37 |
| **Winkelmaß** | *Norma* | Nor | 165 | (Südhimmel) | – |
| **Wolf** | *Lupus* | Lup | 334 | (Südhimmel) | – |
| **Zentaur** | *Centaurus* | Cen | 1 060 | (Südhimmel) | 54–55 |
| **Zirkel** | *Circinus* | Cir | 93 | (Südhimmel) | – |
| **Zwillinge** | *Gemini* | Gem | 514 | im Winter | 42–43 |

[1] Die Fläche eines Sternbildes gibt die gesamte Ausdehnung innerhalb der Sternbildgrenzen an.
[2] Es sind nur die Beobachtungsperioden für die Sternbilder der Nordhemisphäre angegeben.

# Die 25 hellsten Sterne

| Nr. | Name des Sterns | Helligkeit | Name des Sternbildes | Seite |
|---|---|---|---|---|
| 1 | Sirius | $-1{,}4^m$ | Großer Hund | 40 |
| 2 | Canopus | $-0{,}7^m$ | Schiffskiel | 56 |
| 3 | Rigil Kent | $-0{,}3^m$ | Zentaur | 55 |
| 4 | Arktur | $-0{,}1^m$ | Rinderhirte | 51 |
| 5 | Wega | $0^m$ | Leier | 30 |
| 6 | Capella | $0{,}1^m$ | Fuhrmann | 39 |
| 7 | Rigel | $0{,}1^m$ | Orion | 40 |
| 8 | Procyon | $0{,}4^m$ | Kleiner Hund | 43 |
| 9 | Achernar | $0{,}5^m$ | Eridanus | 41 |
| 10 | Hadar | $0{,}6^m$ | Zentaur | 55 |
| 11 | Atair | $0{,}7^m$ | Adler | 30 |
| 12 | Beteigeuze | $0{,}8^m$ * | Orion | 40 |
| 13 | Aldebaran | $0{,}8^m$ | Stier | 39 |
| 14 | Antares | $0{,}9^m$ | Skorpion | 53 |
| 15 | Acrux | $0{,}9^m$ | Kreuz des Südens | 55 |
| 16 | Spica | $1^m$ | Jungfrau | 48 |
| 17 | Pollux | $1{,}1^m$ | Zwillinge | 42 |
| 18 | Fomalhaut | $1{,}1^m$ | Südlicher Fisch | – |
| 19 | Deneb | $1{,}3^m$ | Schwan | 30 |
| 20 | Mimosa | $1{,}3^m$ | Kreuz des Südens | – |
| 21 | Regulus | $1{,}3^m$ | Löwe | 47 |
| 22 | Adhara | $1{,}5^m$ | Großer Hund | 40 |
| 23 | Castor | $1{,}6^m$ | Zwillinge | 42 |
| 24 | Shaula | $1{,}6^m$ | Skorpion | – |
| 25 | Bellatrix | $1{,}6^m$ | Orion | 40 |

* durchschnittlich (veränderlich zwischen $0{,}4^m$ und $1{,}3^m$)

# Das griechische Alphabet

| Name | Groß | Klein | Name | Groß | Klein |
|---|---|---|---|---|---|
| Alpha | Α | α | Ny | Ν | ν |
| Beta | Β | β | Xi | Ξ | ξ |
| Gamma | Γ | γ | Omikron | Ο | ο |
| Delta | Δ | δ | Pi | Π | π |
| Epsilon | Ε | ε | Rho | Ρ | ρ |
| Zeta | Ζ | ζ | Sigma | Σ | σ |
| Eta | Η | η | Tau | Τ | τ |
| Theta | Θ | ϑ | Ypsilon | Υ | υ |
| Jota | Ι | ι | Phi | Φ | φ |
| Kappa | Κ | κ | Chi | Χ | χ |
| Lambda | Λ | λ | Psi | Ψ | ψ |
| My | Μ | μ | Omega | Ω | ω |

# Adressen

**Augsburg**
Planetarium
Im Thäle 3
86152 Augsburg
Tel.: (08 21) 3 24 67 62

**Bamberg**
Dr.-Remeis-Sternwarte Bamberg
Astronomisches Institut der Universität Erlangen-Nürnberg
Sternwartstraße 7
96049 Bamberg
Tel.: (09 51) 9 52 22-0
Fax: (09 51) 9 52 22-22
Telex: 62 98 30 unier
e-Mail: Postmaster@sternwarte.uni-erlangen.de

**Basel**
Astronomisches Institut der Universität Basel
Venusstraße 7
CH-4102 Binningen
Tel.: (0 61) 2 71 77 11
Fax: (0 61) 2 71 78 10

**Berlin**
ZEISS-Großplanetarium
Prenzlauer Allee 80
10405 Berlin
Tel.: (0 30) 42 28 41 98

**Bern**
Astrodrom
Universität Bern
Muesmattstr. 29
CH-3012 Bern
Tel.: (00 41) 3 16 31 86 52
Fax: (00 41 3 16 31 42 10
e-Mail: schreng@sis-unibe.ch

**Bochum**
Planetarium und Sternwarte
Castroper Straße 67
44777 Bochum
Tel.: (02 34) 5 16 06-0
Fax: (02 34) 5 16 06-51
e-Mail: planetarium@bochum.de

**Bremen**
Sternwarte der Olbers-Gesellschaft
Olbers-Planetarium der Hochschule Bremen, FB Nautik
Werderstraße 73
28199 Bremen
Tel.: (04 21) 70 68 82
e-Mail: Dieter.Vornholz@t-online.de

**Freiburg im Breisgau**
Richard-Fehrenbach-Planetarium in der Gewerbeschule II
Friedrichstraße 51
79098 Freiburg im Breisgau
Tel.: (07 61) 27 60 99

**Graz**
Institut für Astronomie der Universität Graz
(Universitätssternwarte)
Universitätsplatz 5
A-8010 Graz
Tel.: (03 16) 3 80-52 70/52 71
Fax: (03 16) 38 40 91
e-Mail: arh@bimgsl.kfunigraz.ac.at

**Halle**
Raumflugplanetarium
Peißnitzinsel 4 a
06108 Halle
Tel.: (03 45) 2 02 87 76

**Hamburg**
Planetarium
Hindenburgstraße Ö 1
22303 Hamburg
Tel.: (0 40) 51 49 85-0

**Heidelberg**
Landessternwarte
Königstuhl 12
69117 Heidelberg
Tel.: (0 62 21) 50 90
Fax: (0 62 21) 5 09-2 02
e-Mail: Postmaster@mail.lsw.uni-heidelberg.de

**Jena**
Planetarium
Am Planetarium 5
07743 Jena
Tel.: (0 36 41) 2 73 15

**Kassel**
Planetarium im Museum für Astronomie und Technikgeschichte
Orangerie
An der Karlsaue 20 c
34121 Kassel

**Kiel**
Planetarium
Knooper Weg 62
24103 Kiel
Tel.: (04 31) 51 98-2 11

**Klagenfurt**
Raumflugplanetarium
Villacher Straße 239
A-9020 Klagenfurt
Sternbarte Kreuzbergl
Tel.: (04 63) 2 17 00

**Laupheim**
Volkssternwarte und Planetarium
Parkweg 44
88471 Laupheim
Tel.: (0 73 92) 9 10 59

**Mannheim**
Planetarium
W.-Varnholt-Allee 1
68165 Mannheim
Tel.: (06 21) 41 56 92
Fax: (06 21) 41 24 11

**München**
Planetarium und Bayerische Volkssternwarte
Anzinger Straße 1
81671 München
Tel.: (0 89) 40 62 39

**Münster**
Planetarium im Naturkundemuseum
Sentruper Straße 285
48161 Münster
Tel.: (02 51) 8 94 23

**Nürnberg**
Planetarium
Am Plärrer 41
90317 Nürnberg
Tel.: (09 11) 26 54 67

**Osnabrück**
Museum am Schölerberg/Planetarium
Am Schölerberg 8
49082 Osnabrück
Tel.: (05 41) 56 00 30

**Recklinghausen**
Westf. Volkssternwarte/Planetarium
Stadtgarten Cäcilienhöhe
45657 Recklinghausen
Tel.: (0 23 61) 2 31 34

**Siegen**
Sternwarte der Universität
Adolf-Reichwein-Straße
57068 Siegen
Tel.: (02 71) 7 40-46 13
Fax: (02 71) 7 40-23 30

**Sonneberg**
Sternwarte Sonneberg
Sternwartstraße 32
96515 Sonneberg
Tel.: (0 36 75) 8 12 10
Fax: (0 36 75) 8 12 19

**Stuttgart**
Carl-Zeiss-Planetarium mit Sternwarte Welzheim
Mittlerer Schloßgarten
70173 Stuttgart
Tel.: (07 11) 1 62 92 15
Fax: (07 11) 216 39 12

**Wien**
Planetarium
Oswald-Thomas-Platz 1
A-1020 Wien
Tel.: (02 22) 24 94 32

**Zürich**
URANIA-Sternwarte
Uraniastraße 9
CH-8000 Zürich

# Glossar

**Breite, geographische:** Winkelabstand eines Ortes vom Erdäquator.
**Dämmerung, astronomische:** Zeitraum, in dem die Sonne zwischen 12° und 18° unter dem Horizont steht. Vollständige Dunkelheit herrscht erst, wenn die Sonne mindestens 18° unter dem Horizont steht.
**Deklination:** Winkelabstand eines Gestirns vom Himmelsäquator.
**Ekliptik:** Jährliche scheinbare Bahn der Sonne am Himmelsgewölbe.
**extragalaktisch:** Außerhalb unserer Galaxis.
**Frühlingspunkt:** Einer der Schnittpunkte zwischen Himmelsäquator und Ekliptik. Dieser Punkt legt den Nullmeridian am Himmel fest.
**Galaxie:** System aus einigen hundert Milliarden Sternen und großen Mengen an interstellarer Materie. Unsere Galaxie heißt Galaxis (mit »s« am Ende) oder Milchstraße. Die Konzentration von Sternen im Zentrum bildet den sogenannten galaktischen Kern. Gruppen von mehr als zehn Galaxien werden als Galaxienhaufen bezeichnet.
**Haufen:** Gruppe von Himmelsobjekten. Offene Haufen sind Gruppen von jungen Sternen. Die Kugelsternhaufen sind älter und nahezu sphärisch um den galaktischen Kern verteilt. Galaxienhaufen: siehe Galaxie.
**Helligkeit:** Maß für die scheinbare oder absolute Strahlung eines Himmelskörpers.
**Himmelsäquator:** Projektion des Erdäquators an die Himmelssphäre.
**Himmelspol:** Einer der Schnittpunkte der Erdachse mit der Himmelssphäre.
**Länge, geographische:** Winkelabstand eines Ortes zum Nullmeridian in Greenwich, England.
**Leuchtkraft:** Die von einem Stern abgestrahlte Energie pro Zeiteinheit.
**Lichtjahr:** Strecke, die das Licht in einem Jahr zurücklegt: $9{,}461 \cdot 10^{12}$ km.
**Meridian:** (Geogr.) Großkreis auf der Erdoberfläche, der durch die Pole und senkrecht zum Äquator verläuft; (astr.) Großkreis an der Himmelssphäre, der sowohl durch Zenit und Nadir als auch durch die Himmelspole verläuft (Mittagslinie).
**Nebel:** Sichtbare Wolke aus interstellarer Materie (Gas und Staub). Diffuse Nebel werden von benachbarten Sternen angestrahlt. Dunkelnebel hingegen sind nur sichtbar, wenn sie sich gegen einen helleren Hintergrund abheben. Planetarische Nebel sind expandierende Gaswolken um einen Stern.
**nördlich:** Bezeichnung für eine Position zwischen Himmels- oder Erdäquator und Himmels- oder Erdnordpol.
**Orbit:** Bahn eines Raumflug- oder Himmelskörpers.
**Planet:** Nichtselbstleuchtendes großes Himmelsobjekt, das das Licht des Sterns reflektiert, den es umkreist.
**Rektaszension:** Winkelabstand eines Gestirns vom Frühlingspunkt.
**scheinbar:** Bezüglich Durchmesser, Helligkeit oder Bewegung eines Himmelsobjektes von der Erde aus gesehen. Unterscheidet sich von den realen Werten für Durchmesser, Helligkeit oder Bewegung des Objektes.
**Sonnenwende:** Zeitpunkt, zu dem die Sonne einen der Punkte auf der Ekliptik erreicht, die am weitesten vom Himmelsäquator entfernt sind (Sommersonnenwende am 21. oder 22. Juni, Wintersonnenwende am 21. oder 22. Dezember).
**stellar:** Die Sterne betreffend.
**Stern:** Selbstleuchtende, Wärme abgebende Gaskugel. Ein Doppelstern ist ein Sternpaar, das um ein gemeinsames Zentrum kreist. Es kann sich auch um ein »optisches« Paar handeln, bei dem die Sterne nicht physikalisch, sondern nur durch die Projektion nahe beieinander zu stehen scheinen. Ein Roter Riese ist ein Stern in der Dilatationsphase. Zu diesem Zeitpunkt der Sternentwicklung ist der Wasserstoff im Kern verbraucht. Ein Protostern ist ein entstehender Stern im Urnebel. Ein veränderlicher Stern zeigt Helligkeitsschwankungen. Es gibt physische Veränderliche und Bedeckungsveränderliche.
**Sternbild:** Figürliche Anordnung von Fixsternen. Man spricht von einem Tierkreissternbild, wenn sich die Sterngruppe im Tierkreis befindet.
**südlich:** Bezeichnung für eine Position zwischen Himmels- oder Erdäquator und Himmels- oder Erdsüdpol.
**Tagundnachtgleiche:** Zeitpunkt, zu dem die Sonne auf ihrer scheinbaren Bahn den Himmelsäquator kreuzt. Tag und Nacht sind dann gleich lang. (Die Frühlings-Tagundnachtgleiche ist am 20. oder 21. März, Herbst-Tagundnachtgleiche am 22. oder 23. September).
**Tierkreis:** Eine etwa 16° breite Zone beiderseits der Ekliptik, in der die Bahnen von Sonne, Mond und von den meisten Planeten verlaufen.
**Umlauf:** Bewegung eines Himmelskörpers (Planet, Komet, Asteroid) um einen Zentralkörper.
**Zenit:** Punkt am Himmelsgewölbe, der sich genau senkrecht über dem Beobachter befindet (Gegenteil: Nadir).
**Zirkumpolarstern:** Stern, der sich für einen Beobachter an einem gegebenen Standort stets oberhalb des Horizonts befindet.

# Register

In diesem Register sind die Sternbilder und Himmelsobjekte aufgelistet (die lateinischen kursiv), die auf den Seiten 26 bis 57 vorgestellt werden.

# Lesetips

### Für Anfänger

**Geoffrey Cornelius:** »Was Sternbilder erzählen«, 176 Seiten, Kosmos Verlag, Stuttgart
**Hermann-Michael Hahn, Gerhard Weiland:** »Sternkarte für Einsteiger«, Kosmos Verlag, Stuttgart
**Hanns-Joachim Heermann:** »Nachtleuchtende Sternkarte für Jedermann«, Kosmos Verlag, Stuttgart
**Joachim Herrmann:** »Welcher Stern ist das?«, 176 Seiten, Kosmos Verlag, Stuttgart
**Dieter B. Herrmann:** »Himmelskunde für Einsteiger«, ca. 192 Seiten, Kosmos Verlag, Stuttgart

### Für Fortgeschrittene

**Serge Brunier:** »Das Universum«, Kosmos Verlag, Stuttgart
**Erich Karkoschka:** »Atlas für Himmelsbeobachter«, 128 Seiten, Kosmos Verlag, Stuttgart
**Hermann-Michael Hahn, Gerhard Weiland:** »Der neue Kosmos Himmelsführer«, Kosmos Verlag, Stuttgart

### Jahrbücher

**Herrmann-Michael Hahn:** »Was tut sich am Himmel«, Kosmos Verlag, Stuttgart
**Hans-Ulrich Keller:** »Kosmos Himmelsjahr«, Kosmos Verlag, Stuttgart

# Bildnachweis

### Bildnachweis

**Photos**

– S. 5: 2 Ph. Hervé Burillier © Archives Larbor.
– S. 8–9 und Kolumnenbalken Seiten 10–23: Ph. Christophe Lehénaff © Archives Larbor.
– S. 10: Ph. G. Tomsich © Archives Larbor.
– S. 11: (li.) Ph. G. Tacer © Archives Larbor; (re.) Ph. © Archives Larbor © NASA.
– S. 12: 2 Ph. © Archives Larbor © NASA.
– S. 14: (oben) Ph. © Archives Larbor © NASA.
– S. 16: (oben) Ph. © Archives Larbor.
– S. 18: (oben li.) Ph. Gianni Dagli Orti © Archives Larbor; (oben re.) Ph. Jeanbor © Archives Larbor; (unten) Ph. © Archives Larbor.
– S. 20: Ph. Hervé Burillier © Archives Larbor.
– S. 21: (unten) Ph. © Archives Larbor.
– S. 22: (oben) Ph. Christophe Lehénaff © Archives Larbor.
– S. 22: (unten) Ph. Hervé Burillier © Archives Larbor.
– S. 23: (oben) Ph. Jacques Bottet © Archives Larbor.
– S. 24–25 und Kolumnenbalken Seiten 26–57: Ph. Christophe Lehénaff © Archives Larbor.
– S. 27: Ph. Christophe Lehénaff © Archives Larbor.
– S. 29: Ph. Christophe Lehénaff © Archives Larbor.
– S. 33: Ph. Christophe Lehénaff © Archives Larbor.
– S. 35: Ph. Christophe Lehénaff © Archives Larbor.
– S. 37: Ph. Hervé Burillier © Archives Larbor.
– S. 39: Ph. Christophe Lehénaff © Archives Larbor.
– S. 41: Ph. Christophe Lehénaff © Archives Larbor.
– S. 43: Ph. Christophe Lehénaff © Archives Larbor.
– S. 49: Ph. © Archives Larbor © ESO/European Southern Observatory.
– S. 51: Ph. Christophe Lehénaff © Archives Larbor.
– S. 53: Ph. © Archives Larbor © ESO/European Southern Observatory.
– S. 55: Ph. © Archives Larbor © ESO/European Southern Observatory.
– S. 57: Ph. Hervé Burillier © Archives Larbor.

**Zeichnungen**

– Laurent Blondel © Larousse-Bordas: Kartographie S. 20 und Seiten 26–57, Symbole in den Info-Kästen (mit bloßem Auge, Feldstecher, Fernrohr).
– François Poulain © Larousse-Bordas: S. 13 (oben), 14 (unten), 15 (oben), 16 (unten), 17, 21 (oben), 23 (unten).
– François Poulain © Larousse: S. 15 (unten).
– Laurent Blondel © Larousse: S. 13 (unten).
– Pierre Bon © Larousse: S. 19.